湖北省学术著作出版专项资金资助项目
3D打印前沿技术丛书
丛书顾问◎卢秉恒　丛书主编◎史玉升

异质材料3D打印技术

杨继全　李　娜　施建平　唐文来　张　钢◎著

YIZHI CAILIAO 3D DAYIN JISHU

http://www.hustp.com

中国·武汉

内 容 简 介

本书以南京师范大学江苏省三维打印装备与制造重点实验室科研团队的有关研究成果为基础,主要对使用3D打印技术制造异质零件的相关内容进行系统性论述。本书的指导思想是在详细介绍异质零件CAD建模方法的基础上,深入分析异质零件的成形材料设计及制备、异质零件的成形技术及具体应用,期望给读者展现有关异质零件3D打印技术方面较为完整的系统性知识。

本书具体内容:第1章绪论,概述了异质实体(或称异质零件)的概念及分类;第2章异质零件3D打印建模基础;第3章异质零件的静态建模方法;第4章异质零件的动态建模方法;第5章异质零件模型设计可视化;第6章异质零件3D打印的成形材料;第7章异质零件的3D打印成形技术;第8章基于3D打印的异质零件的应用。

本书在内容组织方面力求深入浅出,兼顾不同知识背景读者的要求,既保证内容新颖,反映国内外最新研究成果,又深入探讨理论知识和实际应用。本书可供工业制造、生物医学、化学工程、电子工程等不同领域的工程技术人员阅读,也可供致力于3D打印领域研究的科研人员参考。

图书在版编目(CIP)数据

异质材料3D打印技术/杨继全等著.—武汉:华中科技大学出版社,2019.3
(3D打印前沿技术丛书)
ISBN 978-7-5680-5029-6

Ⅰ.①异… Ⅱ.①杨… Ⅲ.①立体印刷-印刷术 Ⅳ.①TS853

中国版本图书馆CIP数据核字(2019)第047238号

异质材料 3D 打印技术
Yizhi Cailiao 3D Dayin Jishu

杨继全　李　娜　施建平　唐文来　张　钢　著

策划编辑:张少奇
责任编辑:程　青
封面设计:原色设计
责任监印:周治超
出版发行:华中科技大学出版社(中国·武汉)　　电话:(027)81321913
　　　　　武汉市东湖新技术开发区华工科技园　　邮编:430223
录　　排:武汉市洪山区佳年华文印部
印　　刷:湖北新华印务有限公司
开　　本:710mm×1000mm　1/16
印　　张:12
字　　数:237千字
版　　次:2019年3月第1版第1次印刷
定　　价:98.00元

本书若有印装质量问题,请向出版社营销中心调换
全国免费服务热线:400-6679-118　　竭诚为您服务
版权所有　侵权必究

3D 打印前沿技术丛书

顾问委员会

主 任 委 员　卢秉恒（西安交通大学）
副主任委员　王华明（北京航空航天大学）
　　　　　　聂祚仁（北京工业大学）

编审委员会

主任委员　史玉升（华中科技大学）
委　　员　（按姓氏笔画排序）
朱　胜（中国人民解放军陆军装甲兵学院）
刘利刚（中国科学技术大学）
闫春泽（华中科技大学）
李涤尘（西安交通大学）
杨永强（华南理工大学）
杨继全（南京师范大学）
陈继民（北京工业大学）
林　峰（清华大学）
宗学文（西安科技大学）
单忠德（机械科学研究总院集团有限公司）
赵吉宾（中国科学院沈阳自动化研究所）
贺　永（浙江大学）
顾冬冬（南京航空航天大学）
黄卫东（西北工业大学）
韩品连（南方科技大学）
魏青松（华中科技大学）

About Authors
作者简介

杨继全 男,1973年生,工学博士,南京师范大学南瑞电气与自动化学院教授,江苏省三维打印装备与制造重点实验室主任,南京三维打印学会理事长,江苏省三维打印产业技术创新战略联盟副理事长兼技术专家委员会副主任。近五年先后主持了国家自然科学基金项目、国家"增材制造与激光制造"重点专项子课题、江苏省省级科技创新与成果转化(重大科技支撑与自主创新)项目、江苏省科技成果转化专项资金重大项目、江苏省科技支撑重大专项等多项课题。获得2008、2014年度江苏省科技进步奖二等奖各1项,2013年度南京市科技进步奖三等奖1项,出版专著10余部。主要研究方向为3D打印技术与生物制造等,围绕数字微滴喷射3D打印成形工艺,实现了研究成果在教育、工业、生物等领域的应用与转化。

李娜 女,1977年生,工学博士,南京师范大学南瑞电气与自动化学院副教授,南京三维打印学会、南京惯性技术学会会员。2008年毕业于武汉大学动力与机械学院,研究方向为3D打印技术,导电材料微滴喷射成形,异质结构、多材料打印成形技术。主持江苏省自然科学基金项目1项,参与完成了国家重点研发计划项目、国家自然科学基金项目等的研究。

施建平 男,1987年生,工学博士,南京师范大学南瑞电气与自动化学院讲师,南京三维打印学会会员。2018年毕业于东南大学机械工程学院,研究方向为3D打印技术,多孔/异质结构建模技术,多材料打印成形技术,机器人3D打印技术。主持江苏省重点实验室开放基金项目2项,参与完成了国家重点研发计划项目、国家自然科学基金项目等的研究。

总序一

"中国制造 2025"提出通过三个十年的"三步走"战略,使中国制造综合实力进入世界强国前列。近三十年来,3D 打印(增材制造)技术是欧美日等高端工业产品开发、试制、定型的重要支撑技术,也是中国制造业创新、重点行业转型升级的重大共性需求技术。新的增材原理、新材料的研发、设备创新、标准建设、工程应用,必然引起各国"产学研投"界的高度关注。

3D 打印是一项集机械、计算机、数控、材料等多学科于一体的、新的数字化先进制造技术,应用该技术可以成形任意复杂结构。其制造材料涵盖了金属、非金属、陶瓷、复合材料和超材料等,并正在从 3D 打印向 4D、5D 打印方向发展,尺度上已实现 8 m 构件制造并向微纳制造发展,制造地点也由地表制造向星际、太空制造发展。这些进展促进了现代设计理念的变革,而智能技术的融入又会促成新的发展。3D 打印应用领域非常广泛,在航空、航天、航海、潜海、交通装备、生物医疗、康复产业、文化创意、创新教育等领域都有非常诱人的前景。中国高度重视 3D 打印技术及其产业的发展,通过国家基金项目、攻关项目、研发计划项目支持 3D 打印技术的研发推广,经过二十多年培养了一批老中青结合,具有国际化视野的科研人才,国际合作广泛深入,国际交流硕果累累。作为"中国制造 2025"的发展重点,3D 打印在近几年取得了蓬勃发展,围绕重大需求形成了不同行业的示范应用。通过政策引导,在社会各界共同努力下,3D 打印关键技术不断突破,装备性能显著提升,应用领域日益拓展,技术生态和产业体系初步形成;涌现出一批具有一定竞争力的骨干企业,形成了若干产业集聚区,整个产业呈现快速发展局面。

华中科技大学出版社紧跟时代潮流,瞄准 3D 打印科学技术前沿,组织策划了本套"3D 打印前沿技术丛书",并且,其中多部将与爱思唯尔(Elsevier)出版社一起,向全球联合出版发行英文版。本套丛书内容聚焦前沿、关注应用、涉猎广泛,不同领域专家、学者从不同视野展示学术观点,实现了多学科交叉融合。本套丛书采用开放选题模式,聚焦 3D 打印技术前沿及其应用的多个领域,如航空航天、工艺装备、生物医疗、创新设计等领域。本套丛书不仅可以成为我国有关领域专家、学者学术交流与合作的平台,也是我国科技人员展示研究成果的国际平台。

  近年来,中国高校设立了3D打印专业,高校师生、设备制造与应用的相关工程技术人员、科研工作者对3D打印的热情与日俱增。由于3D打印技术仅有三十多年的发展历程,该技术还有待于进一步提高。希望这套丛书能成为有关领域专家、学者、高校师生与工程技术人员之间的纽带,增强作者、编者与读者之间的联系,促进作者、读者在应用中凝练关键技术问题和科学问题,在解决问题的过程中,共同推动3D打印技术的发展。

  我乐于为本套丛书作序,感谢为本套丛书做出贡献的作者和读者,感谢他们对本套丛书长期的支持与关注。

西安交通大学教授

中国工程院院士

2018 年 11 月

总序二

3D打印是一种采用数字驱动方式将材料逐层堆积成形的先进制造技术。它将传统的多维制造降为二维制造，突破了传统制造方法的约束和限制，能将不同材料自由制造成空心结构、多孔结构、网格结构及梯度功能结构等，从根本上改变了设计思路，即将面向工艺制造的传统设计变为面向性能最优的设计。3D打印突破了传统制造技术对零部件材料、形状、尺度、功能等的制约，几乎可制造任意复杂的结构，可覆盖全彩色、异质、梯度功能材料，可跨越宏观、介观、微观、原子等多尺度，可整体成形甚至取消装配。

3D打印正在各行业中发挥作用，极大地拓展了产品的创意与创新空间，优化了产品的性能，大幅降低了产品的研发成本，缩短了研发周期，极大地增强了工艺实现能力。因此，3D打印未来将对各行业产生深远的影响。为此，"中国制造2025"、德国"工业4.0"、美国"增材制造路线图"，以及"欧洲增材制造战略"等都视3D打印为未来制造业发展战略的核心。

基于上述背景，华中科技大学出版社希望由我组织全国相关单位撰写"3D打印前沿技术丛书"。由于3D打印是一种集机械、计算机、数控和材料等于一体的新型先进制造技术，涉及学科众多，因此，为了确保丛书的质量和前沿性，特聘请卢秉恒、王华明、聂祚仁等院士作为顾问，聘请3D打印领域的著名专家作为编审委员会委员。

各单位相关专家经过近三年的辛勤努力，即将完成20余部3D打印相关学术著作的撰写工作，其中已有2部获得国家科学技术学术著作出版基金资助，多部将与爱思唯尔（Elsevier）联合出版英文版。

本丛书内容覆盖了3D打印的设计、软件、材料、工艺、装备及应用等全流程，集中反映了3D打印领域的最新研究和应用成果，可作为学校、科研院所、企业等单位有关人员的参考书,也可作为研究生、本科生、高职高专生等的参考教材。

由于本丛书的撰写单位多、涉及学科广,是一个新尝试,因此疏漏和缺陷在所难免,殷切期望同行专家和读者批评与指正!

华中科技大学教授

2018 年 11 月

前　言

3D打印(也称增材制造)是集材料、结构及功能为一体的并行设计与制造技术,在工业、医疗、教育等领域已得到广泛应用。3D打印虽然具有对象个性化、结构复杂化的特点,但常用的3D打印工艺一般只能制作单一均质材料的成形零件,而自然界中存在的物体或非人工制造的生态型物体,如牙齿、竹子、贝壳等均是含有多种材料的功能型异质结构体,也称为异质实体。对于此类异质实体(本书将人工制造的异质实体称为异质零件)的制造,传统制造方法往往无能为力。由于3D打印技术采用分层制造及叠加成形原理,理论上可实现多种材料、结构和功能的任意成形,因此,异质零件的设计与制造问题近年已成为3D打印领域研究的热点之一。

本书围绕异质零件的3D打印技术进行系统化研究,重点阐述异质零件的概念及分类、异质零件的静态建模方法及动态建模方法、异质零件建模可视化方法、异质零件的材料设计与制备、异质零件的3D打印成形技术、异质零件应用等内容。

本书所阐述的内容以南京师范大学江苏省三维打印装备与制造重点实验室科研团队近年开展的多项科研项目所形成的科研成果为基础,结合本领域国内外众多学者的研究成果,既保证内容新颖,反映最新学术研究方向,又进行了深入的理论探讨与技术介绍,同时也较为详细地介绍了本领域针对某个研究,不同的学者所提出的不同研究思路、方法及成果,供读者参考和学习。因此,本书既可为从事该领域研究的科研人员提供借鉴与参考,同时也可供相关领域的工程技术人员阅读。

本书共8章:第1章绪论和第2章异质零件3D打印建模基础由杨继全编写,第3章异质零件的静态建模方法和第4章异质零件的动态建模方法由李娜和杨继全编写,第5章异质零件模型设计可视化由李娜编写,第6章异质零件3D打印的成形材料由唐文来和施建平编写,第7章异质零件的3D打印成形技术由李娜和施建平编写,第8章基于3D打印的异质零件的应用由施建平和张钢编写。

本书的出版得到国家重点研发计划(2017YFB1103200)、江苏省重点研发计划(产业前瞻与共性关键技术)(BE2018010、BE2016010)、国家自然科学基金项目(51407095、51605229、50607094、61601228、61603194)、江苏省科技成果转化专项资金重大项目(BA201606)、江苏省高校自然科学基金项目(16KJB12002)、江苏省重点国别产业技术研发合作项目(BZ2018027)等项目的支持。

本书集中反映了本团队的有关研究成果，这些成果是本研究团队经过长期的持续研究取得的，本团队的主要研究成员除了本书的作者以外，还包括：程军、杨建飞、程继红、冯春梅、朱莉娅、刘益剑、邱鑫、谢非、郭爱琴等老师，吕超凡、韩宁达、曹伟、刘训、李灿、徐泽玮、何昱煜、李思祥、戴鑫、王伟业、袁哲、徐帅、马辉、董艮滔、朱兵、张馨宇、杨帅、汤浩、赵文娟、朱钊伟、游勇、樊温新、迟翔、樊宁、王日茗、程明、余成等研究生。

在本书的撰写过程中，南京工业大学毛宏理教授参与了第 5 章相关内容的撰写、审核和修改，顾忠伟教授对本书提出了许多非常有见地的指导意见，在此一并表示感谢！

本书的编写参考了大量的研究论文、研究报道等相关资料，除每章注明的参考文献外，其余的参考资料主要有公开发表于各类报纸、期刊、图书、互联网等上的资料。本书中所采用的图片、模型等素材均为所属公司、网站或个人所有，本书引用仅为说明之用，绝无侵权之意，特此声明，在此向参考资料的各位作者表示谢意！

最后衷心感谢华中科技大学出版社在本书出版过程中给予的大力支持！

由于我们是首次以异质零件的 3D 打印技术作为主要内容进行系统性介绍，有些内容是我们的初步研究成果，有些研究工作还在继续，我们对该技术的认知还在不断深化，对一些问题的理解还不够深入，加之作者的学术水平和知识面有限，书中可能存在文献的引用疏漏、信息不准确之处，殷切期望同行专家和读者的批评指正和宝贵意见，在此预致谢意！

杨继全，李娜，施建平，唐文来，张钢
2018 年 10 月

目　　录

第1章　绪论 (1)
1.1　异质实体分类 (1)
1.2　异质零件特点及应用 (4)
1.3　异质零件成形技术及设备 (5)
1.4　本书结构安排 (10)
本章参考文献 (11)

第2章　异质零件3D打印建模基础 (15)
2.1　多材料3D打印成形原理 (15)
2.2　异质零件制造的模型及数据格式 (17)
2.3　本章小结 (33)
本章参考文献 (33)

第3章　异质零件的静态建模方法 (35)
3.1　静态模型 (35)
3.2　网络节点的获取 (37)
3.3　基于体素法的建模方法 (39)
3.4　基于表面轮廓的建模方法 (50)
3.5　本章小结 (53)
本章参考文献 (53)

第4章　异质零件的动态建模方法 (55)
4.1　材料特征描述 (55)
4.2　体素表示法 (57)
4.3　实体与材料的映射 (58)
4.4　特征节点的提取 (61)
4.5　材料动态变化设计 (64)
4.6　基于体素的混杂微四面体 (67)
4.7　动态模型示例 (68)
4.8　本章小结 (70)
本章参考文献 (70)

第5章 异质零件模型设计可视化 ……………………………………… (72)
5.1 实体离散 …………………………………………………………… (72)
5.2 彩色文件格式 ……………………………………………………… (73)
5.3 材料设计可视化 …………………………………………………… (80)
5.4 彩色STL模型材料映射可视化 …………………………………… (83)
5.5 彩色微四面体材料映射可视化 …………………………………… (85)
5.6 可视化实例 ………………………………………………………… (88)
5.7 本章小结 …………………………………………………………… (90)
本章参考文献 …………………………………………………………… (90)

第6章 异质零件3D打印的成形材料 …………………………………… (94)
6.1 3D打印常用成形材料概述 ………………………………………… (94)
6.2 3D打印异质零件材料的设计 ……………………………………… (95)
6.3 3D打印异质结构材料 ……………………………………………… (98)
6.4 4D打印材料 ………………………………………………………… (99)
6.5 电工电子材料 ……………………………………………………… (105)
6.6 生物3D打印材料 …………………………………………………… (116)
6.7 本章小结 …………………………………………………………… (120)
本章参考文献 …………………………………………………………… (121)

第7章 异质零件的3D打印成形技术 …………………………………… (127)
7.1 异质零件成形方法 ………………………………………………… (127)
7.2 异质零件CAD模型数据处理方法 ………………………………… (136)
7.3 基于数字微滴喷射工艺的3D打印异质零件成形装置 …………… (147)
7.4 异质零件成形实例 ………………………………………………… (151)
7.5 本章小结 …………………………………………………………… (155)
本章参考文献 …………………………………………………………… (156)

第8章 基于3D打印的异质零件的应用 ………………………………… (158)
8.1 在生物医学工程中的应用 ………………………………………… (159)
8.2 在国防工程领域中的应用 ………………………………………… (163)
8.3 在工业制造领域中的应用 ………………………………………… (167)
8.4 在功能性零件制造中的应用 ……………………………………… (168)
8.5 本章小结 …………………………………………………………… (171)
本章参考文献 …………………………………………………………… (172)

第1章 绪 论

自然界中的物体大多是由多种材料构成的非均质物体,即异质实体(heterogeneous objects,HEO),其材料组分在空间分布上相异。例如,骨骼、牙齿和竹子等就属于典型的异质实体,其特点是具有最高强度的物质分布在需要最高强度的区域,这是最优的物质结构形式,这种结构形式能降低结构破损的概率,使得生物体能更好地适应生存环境。

1.1 异质实体分类

目前,异质实体已成为多个学科共同的研究热点,按照功能和结构形式可将其分为人造型异质实体、自然型异质实体和变异型异质实体三类,如图1.1所示。

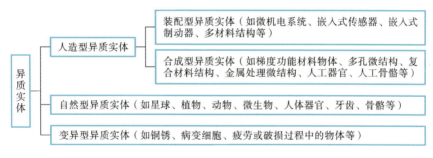

图1.1 异质实体分类

1) 自然型异质实体

自然型异质实体是指大自然中存在的各类含有多种材料,且结构形式和材料分布呈静态或呈连续有规律动态分布的非均质物体,如竹子。图1.2所示为竹子微结构,其从内层至外层,材料结构渐变,强度依次增强,致密度依次增加,这种材料分布渐变式结构有利于竹子保持重量轻的同时具有足够的弹性和强度。

骨骼是另一种典型的自然型异质实体,其组织可看作一个矿化组织的骨骼系统,其结构如图1.3所示。骨骼由骨间质和骨细胞构成,其中,骨间质由胶原蛋白纤维、磷酸钙、碳酸钙、镁离子、氟离子等组成,且磷酸钙和碳酸钙等骨盐又与血钙、磷含量密切相关,相互补充,不断更新;骨细胞可促进骨质溶解(称为骨细胞性溶骨),引起骨质疏松,发生骨折。由此可以看出,骨骼是一种多种材料非均匀分布,且组分不断变化的自然型异质实体。

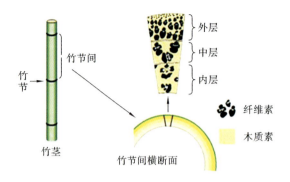

图 1.2 竹子微结构

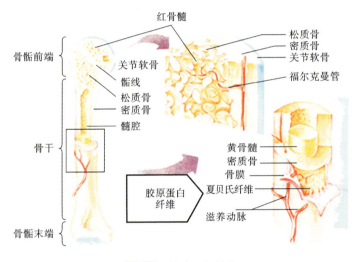

图 1.3 骨骼组织结构

2)人造型异质实体

人造型异质实体是指按照特定功能成形的非均质物体,按照其成形过程可分为装配型异质实体和合成型异质实体。其中,装配型异质实体是指在人工或机械的辅助下,由多个不同材料零件组装而形成的非均质物体,如典型的微机电系统(micro electro-mechanical system,MEMS)包括微机械结构、微制动器、微传感器、微光学器件等,其材料组分包含多晶硅、陶瓷材料、高分子材料及金属等。这类机械装配型异质实体的特点是整个物体的各个组件由单一材料制作,然后再由人工或机械进行组装,形成具有一定功能的非均质物体,各组分的材料之间不发生耦合或渗透。

合成型异质实体是指在人工或机械的辅助下,通过化学反应、物理处理、基因工程或其他方法获得的具有多相材料的非均质物体。典型的人工合成型异质实体是梯度功能材料(functionally graded materials,FGM)。它是由日本新野正之、平井敏雄与渡边龙三于1986年首先提出的,是指一类组成结构和性能在材料厚度或长度方向连续或准连续变化的非均质复合材料。合成型异质实体的特点是结构形式及材料分布均较稳定。

人造型异质实体按照异质实体的功能，由人工干预而实现材料优化分布。有的文献把这种按零件的最佳使用功能要求来设计制造，由呈梯度变化的组织成分和一定规律分布的细结构材料与均质材料所组合构成的新型材料零件称为理想材料零件。

3）变异型异质实体

变异型异质实体则是指违背自然界规律或人为意愿而形成的蠕变型（如铜锈、疲劳破损等）或剧变型（如细胞病变、零件断裂等）非均质物体。其成形过程较前两种异质实体复杂且大多无规律可循。

异质实体根据结构和材料形态变化，可分为静态型异质实体和动态型异质实体。静态型异质实体主要是指实体的材料分布呈梯度变化的异质零件，如图1.4所示。动态型异质实体是指零件结构分布和内部材料分布复杂，既有均质材料又有梯度功能材料，而且呈非规律变化，如图1.5所示。其中，材料1和材料2、材料3和材料4均为梯度分布，但材料3、材料4构成的梯度功能材料区域，以及材料5构成的均质材料区域与材料1、材料2构成的梯度功能材料区域却有明显的材料界面。

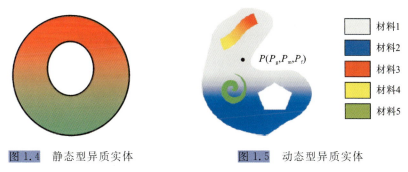

图1.4　静态型异质实体　　　　图1.5　动态型异质实体

对上述三种异质实体进行简要对比，其结构形式和材料分布形式如表1.1所示。

表1.1　三种异质实体简要比较

分　　类		结构形式	材料分布	材料分布形式
人造型异质实体	合成型异质实体	稳定	稳定	多种单一材料
	装配型异质实体	稳定	稳定	多相材料[①]
自然型异质实体		渐变	渐变	多相材料
变异型异质实体		渐变	渐变	多相材料

① 多相材料是指多种材料有机协同分布于一个物体内部，单一材料是多相材料的特殊形态。

本书讨论异质实体的设计和制造，为了避免混乱，此处对几个名词进行区分和定义：

（1）异质实体，指由多种材料构成的非均质物理性结构；

（2）异质结构，指多种材料非均匀分布且组分可不断变化的组织形式；

（3）异质对象，指被研究的异质物体，可指异质型设计结构，也可指异质型物理性结构；

（4）异质零件，指能满足特定需求或具有明确功能的多材料异质零件；

（5）多材料异质零件，本书特指基于3D打印技术制作的多材料异质零件。所谓多材料异质零件是指按照零件的最佳使用功能要求来设计制造的零件，由多种材料构成的理想型、功能性零件。本书中异质零件和多材料异质零件含义相同。

1.2　异质零件特点及应用

异质零件属于人造型异质实体，是指多种材料在零件内部连续或非连续分布的功能性零件，主要包括多材料零件、梯度功能材料零件和多相材料零件，也可以把前两者视为典型的多相材料零件。

目前，市场对产品的性能要求愈来愈高，由单相或均质材料构成的零件常常难以满足产品对零件的功能或性能需求，这使得对异质零件的研究成为机械、电子、光学、生物、材料等多个学科的研究热点之一。

异质成形件可广泛应用于耐磨涂料、固体氧化物燃料电池、牙齿/骨骼移植、模具制造、温差电敏器件、调速轮、热障等领域。当前对异质零件的发展重点在异质成形件的建模、加工工艺和材料制备及性能调控等方面。

异质零件有很广阔的应用前景，通过高分子材料、低熔点合金材料、陶瓷等不同有机和无机物质的巧妙结合而制作出的异质零件，将可以广泛应用于航空航天工业、机械工程、生物医学工程等领域。

1) 分子材料异质零件

分子材料异质零件可广泛应用于耐磨功能部件、人工器官、耐腐蚀材料的化工设备结构部件等，目前已在生物医药材料（如人体植入物）、功能压敏材料（如高分子梯度功能材料薄膜、无载体压敏胶膜）、阻尼材料（如沿材料厚度方向呈梯度变化、具有良好阻尼性能的阻尼涂层）等方面得到应用。

2) 陶瓷-低熔点合金梯度功能材料零件

采用含不同比例可热解材料（或其他方法可去除的其他辅助材料）的陶瓷粉末熔液（或溶液）制成预制件，加热去除可热解材料（或其他方法可去除的其他辅助材料）即可得到具有不同气孔密度的陶瓷材料中间件，对中间件进行烧结，然后熔渗低熔点合金得到最终零件。

3) 具有不同气孔密度的零件

采用含不同比例可热解材料(或其他方法可去除的其他辅助材料)的粉末熔液(或溶液)制成预制件,加热去除可热解材料(或其他方法可去除的其他辅助材料)即可得到具有不同气孔密度的中间件,进一步烧结得到最终零件。

4) 梯度功能零件

用多个喷头直接喷射液态材料、材料粉末的熔液或溶液成形金属-金属、聚合物-金属、聚合物-磁性粉末和聚合物-聚合物等梯度功能材料预制件,经相应的后处理工序后得到梯度功能零件。

由于异质零件相对于普通零件具有信息传递精度高、尺寸小、环境适应性好、重量轻等优点,因而也可用于制备微器件、一体化传感器、智能结构等。

1.3 异质零件成形技术及设备

异质零件成形制造的研究主要涉及三个方面:异质零件的成形机制、计算机辅助设计(CAD)和计算机辅助制造(CAM)。成形机制研究多种材料的成形特性和成形机理等基础性问题,CAD 和 CAM 研究异质零件的建模、成形技术及成形工艺等问题。

1.3.1 异质零件的模型设计

异质零件的 CAD 研究主要包括 CAD 建模方法、模型可视化和模型有限元分析(FEA),当前对异质零件的 CAD 建模方法的研究最为集中,对后两者的研究较少。

由于传统的三维 CAD 几何模型只能反映零件的几何信息,不能反映异质零件的复杂材料信息,因此,异质零件 CAD 模型材料信息的表达问题成为了研究热点。Yang 和 Qian 提出了基于 B 样条的建模方法;Kou 和 Tan 等提出了 B-Rep 的建模方法;Wang 等提出了利用热传导概念描述多连续相零件结构信息的建模方法;Patil 等提出采用 R 函数描述材料结构的建模方法,他们采用 r_m 目标模型描述异质实体模型;Biswas 等提出了基于几何域的场建模方法;Wu 和 Liu 等提出了数据集的体积测定 CAD 建模方法;Zhou 和 Liu 等提出了多色距离场的建模方法;Wang 等研究了基于有限元的异质零件建模方法;徐安平等研究了等距离偏移 FGM 建模、异质零件建模;还有其他一些学者提出了动态建模理论模型、细胞单元建构模型等。

异质零件以材料与零件的一体化、集成化设计与制造为主要特点,但目前对于异质零件的 CAD 研究尚存在以下问题:当前以面图形学为基础的商用 CAD 系统只能利用数字化方法来描述零件的表面结构信息和单一材料信息,还难以描述零件的内部微结构信息和多材料信息(如非均质、梯度功能材料等);已有的诸多有关异质零件建模的方法大多只提出理论模型,或开发的异质零件建模软件相对独立,与目前通用的 CAD/CAM/CAPP 等软件系统及 3D 打印设备的兼容性仍较差。

1.3.2 异质零件的制造过程

异质零件的 CAM 方法主要分为两大类:传统制造方法和基于 3D 打印的成形方法。基于梯度功能材料的传统制造方法,主要有气相沉积法,包括化学气相沉积(CVD)法、物理气相沉积(PVD)法、物理化学气相沉积(PCVD)法;等离子喷涂(PS)法;自蔓延高温合成(SHS)法;粉末冶金(PM)法;激光熔覆(LMC)法;离心铸造法等。这些传统梯度功能材料零件的制造方法存在以下缺点:无法精确制造形状复杂的立体结构;梯度层与基体间的结合强度低、易开裂;材料分布无法精确控制等。

而另一类基于 3D 打印的异质零件制造方法,由于采用离散-堆积原理使得几何结构和材料分布的同时成形成为可能,从而近年来在异质零件的成形方面居于重要地位。Yakovlev 等研究了具有梯度功能材料的三维物体的激光直接成形方法;Lappp 等开发了一种基于离散成形的多材料激光选区烧结(SLS)设备,可用来制作不连续的多材料原型件;Cho 等人报道了基于麻省理工学院(MIT)提出的三维打印(3DP)工艺而开发的成形设备,该设备采用多个数字化打印喷头喷射成形材料来制作三维模型;Yang 和 Evans 开发了基于 SLS 工艺的多材料粉末喷射设备,用来制造三维梯度功能材料零件;Brennan 等开发了可以商业化的多材料叠层制造设备来加工电陶瓷件;Choi 等采用基于拓扑层次的路径规划研究了多材料叠层制造工艺;郭东明、贾振元等研究了理想材料零件 CAD 模型的几何与材料信息的描述、CAD 模型的切片算法等,开发了理想材料零件的成形系统样机,该系统样机采用螺旋挤压式的连续喷射方式从喷头中挤出熔融的 ABS 丝制作梯度功能材料零件;颜永年、张人佶、林峰等研究了多分支、多层结构血管支架和含有非均质多孔贯通结构的人工骨支架等具有梯度功能的生物工程组织的制作;李涤尘等研究了基于光固化快速成形(SLA)技术制造复杂形状的碳化硅陶瓷构件的成形工艺;余灯广、杨祥良、王运赣等采用 3D 打印技术对药物控释材料的制备工艺及系统进行了研究。

以上这些成形方法有的所适用的成形材料非常有限,有的成形精度较低,有的成形效率较低,应用于异质零件中的多种材料在空间范围内的精确受控成形上有一定局限性。虽然这些成形方法或系统尚不成熟或不完善,但均为异质零件的快速制造奠定了一定基础。

目前关于异质零件的CAD与CAM的研究普遍存在一个问题：建模方法、模型可视化、有限元方法与成形方法的研究相互孤立，尚未形成CAD/CAM一体化。

1.3.3 异质零件的成形技术及其成形设备

目前关于异质材料（尤其是梯度功能材料和多相复合材料）及其成形机理的理论研究明显落后于其CAD及CAM研究。孔凡荣、张海鸥等研究了复合材料等离子直接熔积成形过程中的多相瞬态场；Okada等运用真空离心法制备Al-Al$_3$Ni梯度功能材料，并进行了数值与实验研究；Gao等对沉积法制备梯度功能复合材料的凝固过程传递现象进行了数值模拟与实验考察；Qi对激光熔覆Ni-Cr合金过程中溶质分布、温度场及熔池液相流动规律进行了数值分析和实验研究；Qin和Yang对异质材料的耦合场，尤其是温度场进行了理论研究；Cooper等研究了利用激光直接熔覆成形方法制作Cu-Ni异质零件的成形机理。

但是对于异质零件在熔积成形过程中多相/多态物质共存，超常规条件下的微流体机理（如材料微滴的形成机理、固化或凝固机理、温度场以及熔积材质浓度场等）的数值研究、异质材料间相互作用机理与微成形机理等问题的研究还很薄弱。而这些问题的研究对于进一步理解和揭示异质零件在制造过程中产生的复杂物理现象和作用机理，提高异质材料制备及零件成形质量具有重要的理论和实际指导意义。

由于基于传统工艺的多材料异质零件的制造方法存在多种不足，因此3D打印技术凭借其具有材料和结构能同时成形的特点，将成为多材料异质零件成形的主流技术。目前，国内外对此开展了较为广泛和深入的研究，出现了一系列面向异质零件成形的3D打印工艺或技术。

1）微滴喷射光固化技术

微滴喷射光固化技术利用多孔微喷喷头喷射出光敏材料，并经光照后发生聚合反应，逐层堆积，最终制得三维模型。近年来，微滴喷射光固化技术越来越多地应用于多材料异质零件模型的快速成形，目前已经商业化的主要有Stratasys公司的Connex系列打印机和3D Systems公司的ProJet系列打印机。Stratasys Objet Connex 500是目前世界上能完美实现大尺寸高精度多材料成形的3D打印机。该设备通过多种材料的数字化微滴喷射控制进行成分组合，可以实现数百种不同材料的成形，如质地较软的橡胶和具有较高强度的塑料，其典型的成形零件如图1.6所示。此外，国内外不少科研机构也在进行基于微滴喷射技术的多材料异质零件成形工艺研究，如麻省理工学院计算机科学与人工智能实验室的Sitthi-Amorn等开发的多材料成形设备MultiFab，以较低的制作成本实现了十多种材料的成形。

图 1.6　Stratasys Objet Connex 500 设备打印的多材料异质零件

2) 粉末黏结成形技术

粉末黏结成形技术利用打印喷头喷射出黏结剂,将粉末黏合在一起,逐层黏结,最终形成三维实体。利用多个喷嘴喷射不同颜色的黏结材料,可进行色彩丰富的多色彩零件打印,为医疗诊断、工程分析提供更加直观的模型。3D Systems 公司开发的 Z860 3D 打印系统利用 3DP 技术,通过多组阵列喷头,喷射不同色彩的黏结剂,已实现全彩色的零件原型打印(见图 1.7)。从严格意义上来说,这种彩色 3D 打印技术还不属于多材料异质零件 3D 打印,但是该技术具有实现多材料异质零件 3D 打印的潜力。在药物生物材料开发的基础上,粉末黏结 3D 打印工艺可以用于制造含有多种药物、特殊药理成分分布的多功能药片,患者服药后各种药理成分在人体内可以可控地释放。

3) 光固化成形技术

光固化成形技术基于液体树脂受到光照时会发生光聚合反应的原理,逐层固化光敏树脂直至零件最终成形,代表工艺有立体光固化成形(SLA)、数字光处理(DLP)等技术。德克萨斯大学的 Wicker 等利用 SLA 技术开发了一种多材料成形系统,该技术采用自动切换多个装有不同材料的旋转材料槽进行成形材料的供给,实现多材料异质零件的成形;荷兰屯特大学利用 DLP 技术开发出一种低成本的多材料快速成形系统——EXZEED DLP,基于特定聚合物的形状自记忆特性,利用光固化技术打印出 4D 可编程且具有自记忆功能的零件,如图 1.8 所示。

4) 直接能量沉积成形技术

直接能量沉积成形技术采用高功率能量源(如激光或电子束)对喷出的粉末

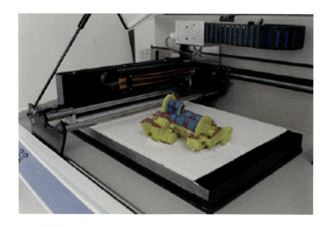

图 1.7 3D Systems 粉末黏结设备及多色彩模型

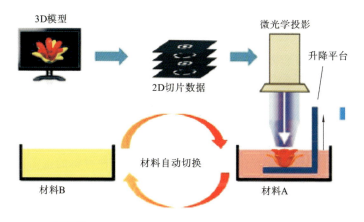

图 1.8 材料自动切换光固化多材料成形系统示意

或丝材进行热熔并定向沉积,一般主要用于金属零件的成形。可通过控制送粉器控制多种粉末材料的比例,实现多材料异质零件的打印成形。美国 Sciaky 公司的 EBAM 金属线材成形设备(见图 1.9),通过控制两种不同材质的金属丝材的送料比,实现多材料金属零件的熔融堆积成形打印。

5) 挤压成形技术

挤压成形技术一般采用丝状成形材料,经加热后热熔挤压堆积到成形工作面上,实现零件的堆积成形。基于该技术开发的双喷头或混料喷头成形系统可以进行多材料或多颜色的 3D 模型一次成形,成本较低,成形材料一般仅限于非金属的塑料类材料。

6) 其他新型成形技术

Dimitri Kokkinis 等利用一种电磁影响技术通过控制不同组分材料微小颗粒实现打印过程中材料组分的变化,最终实现多材料异质零件成形,并基于该工艺

图1.9 Sciaky公司的双材料EBAM金属成形设备

开发了一套多材料磁辅助3D成形系统。Jian Z等将微光固化技术与纤维沉积技术相结合,开发出一套多层片微结构多材料成形系统。粉床粉末烧结工艺一般采用激光束或电子束对粉床中的粉末材料进行照射,使粉末颗粒熔化并相互黏结。德国Regenfuss等基于粉末烧结技术开发了一个多材料成形系统,制造出了同时含有铜、银的梯度功能零件,该成形系统目前仅支持打印垂直方向上梯度变化的多材料金属功能零件。

可以看出,以上介绍的几类多材料3D打印成形技术是现有3D打印工艺技术的进一步组合和改进,使得新的成形系统能够实现多种材料的按需混合成形。可以预见,随着各类工艺技术的不断发展,新型多材料3D打印成形系统将不断涌现。

1.4 本书结构安排

本书主要对使用3D打印成形的方法制造异质零件的相关理论与技术进行讨论。

由于异质零件由多种不同的材料按照其功能来构造,当前常用的CAD设计软件均无法直接对其精确建模,因此众多研究学者在异质零件的建模方面倾注了大量心血,提出了诸多创新的建模理论或方法。本书重点阐述异质零件的静态建模方法、异质零件的动态建模方法和异质零件建模可视化方法等基础性问题。

异质零件的材料设计与制备是异质零件制造的核心问题之一,本书重点介绍了异质零件制造所涉及的金属材料、非金属材料、智能材料、电子材料、生物材料等方面的研究进展。

异质零件的3D打印成形技术目前仍不成熟,本书简要介绍了光固化技术、粉末烧结技术、挤出成形技术、直接能量沉积成形技术等制作异质零件的成形方法。基于数字化微滴喷射技术制作异质零件具有成形精度高、成形材料范围广、成形效率高等优势,本书重点以该技术为对象,详细介绍了异质零件的数据处理、成形控制等内容。

异质零件在诸多领域均有巨大的潜在应用前景,本书重点介绍了其在生物医学工程、智能化装备、特殊功能性零件、工业制造等领域的应用。

本章参考文献

[1] 新野正之,平井敏雄,渡边龙三. 倾斜机能材料——宇宙机用超耐热材料应用[J]. 日本复合材料学会志,1987,13(6):257-264.

[2] 郭东明,贾振元,王晓明,等. 理想材料零件的数字化设计制造方法及内涵[J]. 机械工程学报,2001,37(5):7-11.

[3] WAN T W A. Numerical Analysis of Bamboo and Laminated Bamboo Strip Lumber (LBSL)[D]. United Kingdom:University of Birmingham,2005.

[4] MADER S S. Human Biology[M]. 10th ed. New York:McGraw-Hill Higher Education,2008.

[5] KUMAR V,DUTTA D. An approach to modeling heterogeneous objects[J]. ASME Journal of Mechanical Design,1998,120(4):659-667.

[6] PASKO A,ADZHIEV V,COMNINOS P. Heterogeneous objects modelling and applications collection of papers on fundations and practice[M]. Berlin Heidelberg:Springer-Verlag,2008.

[7] YANG P H,QIAN X P. A B-spline-based approach to heterogeneous objects design and analysis[J]. Computer-Aided Design,2007,39(2):95-111.

[8] KOU X Y,TAN S T,SZE W S. Modeling complex heterogeneous objects with non-manifold heterogeneous cells[J]. Computer-Aided Design,2006,38(5):457-474.

[9] WANG J F,CARSON J K,NORTH M F,et al. A new structural model of effective thermal conductivity for heterogeneous materials with co-continuous phase[J]. International Journal of Heat and Mass Transfer,2008(51):2389-2397.

[10] PATIL L,DUTTA D,BHATT A D,et al. A proposed standard-based approach for representing heterogeneous objects for layered manufacturing[J]. Rapid Prototyping Journal,2002,8(3):134-146.

[11] BISWAS A,SHAPIRO V,TSUKANOV I. Heterogeneous material modeling with distance fields[J]. Computer Aided Geometric Design,2004,21

(3):215-242.

[12] WU X J, LIU W J, WANG M Y. A CAD modeling system for heterogeneous object[J]. Advances in Engineering Software,2008,39(5):444-453.

[13] ZHOU H M, LIU Z G, LU B H. Heterogeneous object modeling based on multi-color distance field[J]. Materials & Design,2009,30(4):939-946.

[14] WANG S, CHEN N F, CHEN C S,et al. Review:finite element-based approach to modeling heterogeneous objects[J]. Finite Elements in Analysis and Design,2009,45(8-9):592-596.

[15] KOU X Y, TAN S T. Heterogeneous object modeling:a review[J]. Computer-Aided Design,2007, 39:284-301.

[16] 杨继全,戴宁,侯丽雅. 三维打印设计与制造[M]. 北京:科学出版社,2013.

[17] HOPKINSON N, HAGUE R, DICKENS P. Rapid manufacturing:an industrial revolution for the digital age[M]. New York:John Wiley and Sons,2006.

[18] YAKOVLEV A,TRUNOVA E,GREVEY D, et al. Laser-assisted direct manufacturing of functionally graded 3D objects[J]. Surface & Coatings Technology,2005, 190:15-24.

[19] CHO W J, SACHS E M, PATRIKALAKIS N M, et al. A dithering algorithm for local composition control with three-dimensional printing[J]. Computer-Aided Design,2003,35(9):851-867.

[20] YANG S F, EVANS J R G. A multi-component powder dispensing system for three dimensional functional gradients[J]. Material Science Engineering,2004, 379(1-2):351-359.

[21] BRENNAN R E, TURCU S, HALL A, et al. Fabrication of electroceramic components by layered manufacturing (LM)[J]. Ferroelectrics,2003, 293(1):3-17.

[22] CHOI S H, CHEUNG H H. A topological hierarchy-based approach to toolpath planning for multi-material layered manufacturing[J]. Computer-Aided Design,2006, 38(2):143-156.

[23] 任莉,杨睿,郭东明. 非均质材料零件几何和材料的并行设计研究[J]. 中国机械工程,2008, 19(4):461-465.

[24] 杨睿,贾振元,郭东明. 理想材料零件材料信息表述及处理的研究[J]. 中国机械工程, 2006,17(2):164-167.

[25] 颜永年,刘海霞,李生杰,等. 生物制造工程的发展和趋势[J]. 中国科学基金,2007, 2:65-68,80.

[26] 张人佶,颜永年,林峰,等. 低温快速成形与绿色制造[J]. 制造技术与机床,

2008(4):71-75.

[27] 崔志中,李涤尘,李济顺.复杂形状碳化硅陶瓷构件制备新工艺研究[J].中国机械工程,2008,19(2):236-238.

[28] 余灯广,申夏夏,朱利民,等.制备缓释给药系统三维打印工艺参数的选定[J].中国药房,2008,19(31):2437-2440.

[29] 孔凡荣,张海鸥,王桂兰.复合材料等离子直接熔积成形过程多相瞬态场数值模拟[J].中国科学G辑,2009,39(2):213-221.

[30] OKADA H, FUKUI Y, SAKO R, et al. Numerical analysis on near net shape forming of Al-Al$_3$Ni functionally graded material[J]. Composites Part A: Application Science Manufacturing, 2003, 34(4): 371-382.

[31] GAO J W, WANG C Y. Transport phenomena during solidification processing of functionally graded composites by sedimentation[J]. Journal of Heat Transfer, 2001, 123(2): 368-375.

[32] QI H. Synthesis of designed materials by laser-based direct metal deposition technique: Experimental and theoretical approaches[D]. Michigan: University of Michigan, 2005.

[33] QIN Q H, YANG Q S. Macro-Micro theory on multifield coupling behavior of heterogeneous materials[M].北京:高等教育出版社,2008.

[34] COOPER K P, LAMBRAKOS S G. Thermal modeling of direct digital melt-deposition processes[J]. Journal of Materials Engineering and Performance, 2011, 20(1): 48-56.

[35] SIU Y K, TAN S T. 'Source-based' heterogeneous solid modeling[J]. Computer-Aided Design, 2002, 34(1): 41-55.

[36] 吴晓军,刘伟军,王天然,等.距离场定义下异质CAD信息建模方法[J].计算机辅助设计与图形学学报,2005,17(2):313-318.

[37] 吴晓军,刘伟军,王天然.基于八叉树三维网格模型体素化方法[J].工程图学学报,2005,26(4):1-7.

[38] 寇欣宇,王以忠,彭一淮.基于非流行几何与特征树的异质材料实体可视化方法[J].计算机辅助设计与图形学学报,2008,20(4):532-539.

[39] KUMAR V, BURNS D, DUTTA D, et al. A framework for object modeling[J]. Computer-Aided Design, 1999, 31(5): 541-556.

[40] KUMAR V, RAJAGOPALAN S, CUTKOSKY M, et al. Representation and processing of heterogeneous objects for solid freeform fabrication[M]// KIMURA F. Geometric modelling and computational basis towards advanced CAD applications. Berlin: Springer-Verlag, 1998: 1-21.

[41] KOU X Y, TAN S T. A hierarchical representation for heterogeneous ob-

ject modeling[J]. Computer-Aided Design,2005,37(3):307-319.

[42] 杨继全,冯春梅. 3D打印——改变未来的制造技术[M]. 北京:化学工业出版社,2014.

[43] 杨继全,郑梅,杨建飞,等. 3D打印技术导论[M]. 南京:南京师范大学出版社,2016.

第 2 章　异质零件 3D 打印建模基础

不同 CAD 软件设计的三维模型文件因格式不同、用途不同等,经常要进行数据交换,这就需要建立数据交换标准。3D 打印设备常用的"准标准"文件是 STL 格式文件,但 STL 格式并不完备,比如表面漏洞,其表达的只是对象的几何信息,不包含色彩和材料信息,异质零件模型进行三角面片化所得到的传统 STL 格式文件也比较粗略。针对这些问题,本章首先介绍多材料 3D 打印的成形工艺及过程,然后重点阐述异质零件制造的模型及数据格式,其中本章给出的基于 STL 格式的细化及在细化基础上的四面体模型,将作为异质零件的建模基础。

2.1　多材料 3D 打印成形原理

3D 打印成形系统的工作原理是在数字信号驱动下,采用物理手段,将成形材料以一定的速率从喷头打印至指定位置,打印材料按照一定的序列堆积,形成三维实体零件。

目前针对多材料模型的成形方法研究,开发的系统都只适用于有限材料的相对简单的成形件的加工。图 2.1 所示的是基于微滴喷射技术和 3D 打印技术的异质零件设计与制造一体化加工流程。其思路为:将通过逆向工程获得的扫描数据或根据要求设计出的三维结构 CAD 实体模型以单色 STL 文件的形式导出,根据零件功能要求进行零件的几何拓扑形状(用单色 STL 面化模型数据表示)和材料组织结构(用色彩信息表示)的并行设计;对含有结构及材料信息的彩色 STL 模型进行切片分层,获得一系列彩色切片,并对每层加工单元所对应的色彩信息和结构信息进行解析,使之与成形信息相对应;在成形过程中,计算机根据每一层的成形信息分别控制各机构做协调运动,采用微滴喷射技术和 3D 打印技术,将含有材料微粒的浓悬浮液、紫外光敏树脂或低熔点合金熔液,通过微细喷嘴实现数字化的分层微滴喷射,从而制得异质零件。具体而言,制作开始时,计算机把第一层加工信息发送给打印喷头控制电路,打印喷头控制电路根据第一层的材料信息驱动打印喷头中的某个或某几个喷头按该层的形状喷射一种或几种液态材料,随后液态材料通过挥发、固化、迅速凝固等过程形成实体区域。如果需要打印支撑,在打印喷头中的某个或某几个喷头喷射液态材料的同时,打印喷头中的另一喷头喷射支撑材料填充该层未被喷射的区域,迅速凝固后形成支撑。随后,计算机把下一层的成形信息发送给打印喷头控制电路,打印喷头喷射出液态材料和支撑材料。如此反复,一层层地打印,从而快速制作出异质零件。

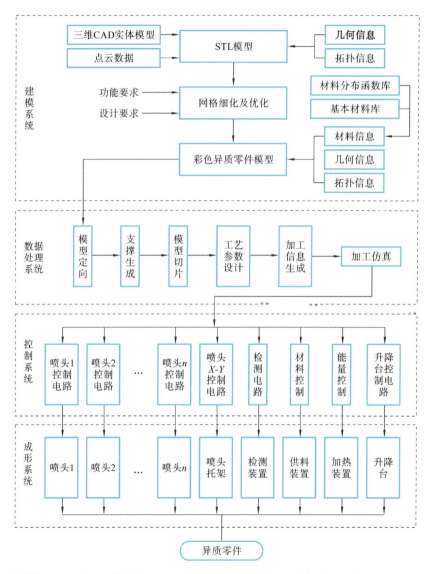

图2.1　基于微滴喷射技术和3D打印技术的异质零件设计与制造一体化加工流程

图2.2所示的是异质零件模型3D打印成形系统结构简图,包括控制计算机、X和Y扫描器、工作台和若干喷头等。喷头的个数可以根据加工所需的材料种类而定。每个喷头内又包括若干喷嘴,通过协调控制完成多种材料的喷射打印。

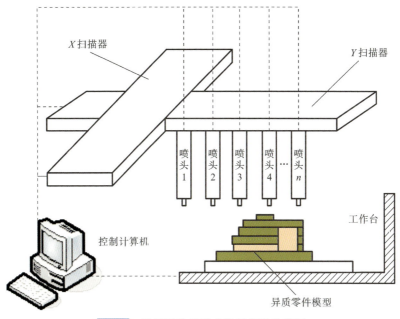

图 2.2 异质零件模型成形系统结构简图

2.2 异质零件制造的模型及数据格式

3D打印制造零件的过程中,使用的数字模型有几何结构模型、材料模型、切片模型、打印数字化模型。基于点云数据先建立几何结构模型,然后建立材料模型,打印前进行切片处理需要使用切片模型,最后使用打印数字化模型控制喷头进行打印。这些模型既是独立的,又是互相联系的,在打印制造的不同阶段使用的模型具有不同格式,不同的平台也使用不同格式的模型,所以模型在使用过程中需要在不同的格式之间进行转换。

2.2.1 三维几何模型文件的数据交换标准

设计多材料异质零件首先需要通过三维造型系统设计出零件的数字模型。目前国际上常用的三维造型软件有 Pro/Engineer、UG、SolidWorks、3Ds Max、CATIA 等,这些软件虽然数据格式各不相同,但它们凭借各自的优势广泛应用于机械、建筑、影视、游戏开发、虚拟设计、医疗等领域。不同的行业、企业及个人通常习惯于使用某一种造型软件。随着现代企业间的协同合作以及全球化生产的飞速发展,不同 CAD 系统间的资源共享和数据交换存在一定困难,是亟须解决的问题。因此,自20世纪70年代末以来,相关组织及机构制定了一系列的标准格式来解决不同 CAD 系统间的数据交换问题,主要的标准有 IGES、STEP、DXF 格式和 VRML 语言。

1) IGES

IGES(initial graphics exchange specification，初始图像交换规范)是首个实现不同 CAD 系统间数据交换的标准，由美国国家标准局和工业界共同制定。它独立于具体的 CAD 系统，起到了"中介"的作用，企业既可以将自己的数据文件按照 IGES 输出，也可以接收符合 IGES 的数据文件，从而实现不同 CAD 系统间的数据交换。

IGES 文件在结构上一般由注释段、文件特性描述段、索引段、参数数据段以及结尾段这五部分组成。IGES 文件把产品的数据信息视为实体集合，因为任一实体的描述都包括该实体的形状、尺寸、颜色等信息，所以文件在描述实体时也相应地把实体的几何形状（如圆、圆弧、椭圆、直线等）等信息叫作几何实体，保存在参数数据段中；将线性尺寸标注实体、角度尺寸标注实体、半径尺寸标注实体、直径尺寸标注实体等以及颜色定义、线型定义、线宽定义、字形定义等称为非几何实体，并把这些信息保存在索引段。每一类型的实体都有相应的实体类型号，100～199 是几何实体的类型号区间，200～499 是非几何实体的类型号区间。这样，IGES 文件就可以通过实体来描述产品的尺寸、形状等信息。

虽然 IGES 在很多领域得到广泛的应用，但它仍存在如下问题：①在表达某些几何类型信息时会模棱两可，转换的数据不稳定；②文件格式冗长，导致很难找到和纠正错误，表达信息易出错；③只注意图形数据的转换，对于公差、材料特性、工作条件等信息的转换不完整；④只适用于在计算机集成生产中的各子系统领域之间传送技术绘图或简单的几何模型信息。

由于上述原因，国际标准化组织（International Organization for Standardization，ISO）在 IGES 的基础上制定了 STEP（standard for the exchange of product model data，产品模型数据交换标准）。

2) STEP

"产品模型数据"是指为了产品在整个生命周期中的应用而全面定义的产品所有数据元素，包括为进行设计、分析、制造、测试、检验和产品支持而全面定义的构件所需的几何、拓扑、公差、关系、属性和性能等数据，另外，还可能包含一些与处理有关的数据。产品模型可以为下达生产任务、直接质量控制、测试等提供全面的信息。因此，产品模型数据对整个产品而不仅对其几何形状进行描述。此外，STEP 还制定了一系列的应用协议来弥补 IGES 的缺陷。

STEP 研究面向产品全生命周期的信息建模，用一种中性的、与平台无关的方式对产品信息进行描述，它在以下方面具有明显的优势：①包含的信息支持产品的整个生命周期；②采用描述产品数据的形式化建模语言 Express 语言规范，所有的产品定义均为机器可理解的方式；③通过制定应用协议，消除了产品信息的二义性，提高了数据精度；④支持单个零件及装配件的装配控制；⑤经济效益显著，应用范围广泛，许多常用 CAD 软件都提供 STEP 接口。

3）VRML 语言

目前通过 CAx(CAD、CAM、CAE 等各项技术的综合叫法)系统设计的产品数据信息,大多由专用系统产生,不能用通用的浏览器浏览。VRML 语言是目前唯一能被 Web 浏览器支持的一种通用三维场景描述语言。但是 VRML 语言不能提供对几何体的精确表达,所以它所描述的几何体不能作为产品设计生产的依据。

几何模型软件与生产制造设备的数据共享也需要转换的公共标准,现在流行的设备制造者之间也出现数据格式不统一、商业化应用推广难的问题。目前,3D 打印使用的 30 年前制定的数据格式,已经不能满足越来越高的要求。随着越来越多的行业涌入 3D 打印行业,满足各类新型应用需求的 3D 打印行业数据标准日益重要,可以预计新的数据标准将会在近期出现并应用。

2.2.2 3D 打印数据存储格式

三维造型软件的存储格式很多,这里介绍目前流行的 3D 打印可用的数据存储格式。

1）STL 格式

STL 格式是计算机图形应用中的一种文件存储格式,源于美国的 3D Systems 公司于 1988 年提出制定的一种用于存储模型数据的接口协议。它因存储结构简单的特点,近几十年来广泛应用于模型文件的存储,是 3D 打印制造领域实际上的标准文件。STL 格式文件采用三角网格的形式来表示三维数字模型且仅仅描述模型的几何信息,不包含其他诸如模型的颜色、材料等信息。图 2.3 所示为由三角网格构成的人体骨头模型。STL 格式包含两种文件编码形式:ASCII 码格式和二进制格式。其中 ASCII 码格式为可读格式,采用三角网格的方式存储三维模型数据,包括三角网格的点坐标集合以及每个三角网格的法向量等信息。

ASCII 码格式文件结构如下:

```
solid file namestl          //文件路径及文件名
facet normal x y z          //法向量的 3 个分量值
outer loop
vertex x y z                // 顶点坐标
vertex x y z                // 顶点坐标
vertex x y z                // 顶点坐标
end loop
end facet                   //此三角面片定义结束
……
……
End solid file namestl      // 整个文件结束
```

目前,STL 格式由于其数据简化、格式简单,因此很快被广泛应用。随着 3D

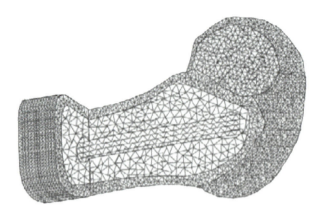

图 2.3　三角网格构成的人体骨头模型

Systems 公司的快速崛起，STL 格式已经成为 3D 打印系统实际上的数据标准。多数 CAD 软件系统都有生成 STL 格式文件的模块，可以将 CAD 系统构造的三维模型转换成 STL 格式文件，STL 格式也因此被视为"准"工业标准格式。

由 STL 格式文件的基本结构可以看出，STL 格式文件仅能以三角网格的形式存储数字模型的信息，文件中不包含模型的颜色和材质信息，不能够很好地适应如今结构越来越复杂、材质信息越来越多样化的模型发展趋势。

2）OBJ 格式

OBJ 格式是 Wavefront Technologies 公司为其一套基于工作站的 3D 建模和动画软件——Advanced Visualizer 开发的一种标准 3D 模型文件格式，很适合用于 3D 软件模型之间的数据交换。

由于 OBJ 格式在数据交换方面的便捷性，目前大多数的三维 CAD 软件都支持 OBJ 格式，大多数 3D 打印机也支持应用 OBJ 格式文件进行打印。OBJ 格式支持直线（line）、多边形（polygon）、表面（surface）和自由形态曲线（free-form curve），不包含动画、材质特性、贴图路径、动力学、粒子等信息。直线和多边形通过点来描述，曲线和表面则根据控制点和依附于曲线类型的额外信息来定义，这些信息支持规则和不规则的曲线，包括基于贝济埃（Bezier）曲线、B 样条（B-spline）、基数（cardinal/Catmull-Rom）和泰勒方程（Taylor equation）的曲线。其他特点如下：

（1）OBJ 格式主要支持多边形模型，虽然也支持曲线、表面、点组材质（point group material），但 Autodesk MAYA 软件导出的 OBJ 文件并不包括这些信息。

（2）OBJ 格式支持三个以上的点组成的面，这一点很有用。很多其他的模型文件格式只支持三个点组成的面，所以导入 Autodesk MAYA 软件的模型经常被三角化了，对模型的再加工非常不利。

（3）OBJ 格式支持法线和贴图坐标。在其他软件中调整好贴图后，贴图坐标信息可以存入 OBJ 文件中，这样文件导入 Autodesk MAYA 软件后只需指定贴图文件路径就行了，不需要再调整贴图坐标。

虽然 OBJ 格式诞生得晚一些，也比 STL 格式有所进步，但与 STL 格式并无实质区别。

3) PLY

PLY(polygon file format)最早于 20 世纪 90 年代中期提出，是在斯坦福大学图学实验室的 Marc Levoy 教授指导下，由 Greg Turk 及其他成员共同开发的。PLY 格式实际上是在 OBJ 格式的启发下开发而成的，但是改进了 OBJ 格式中缺少的对任意属性及群组的扩充性，PLY 格式创建了 property 及 element 这两个关键词，以此来概括模型中"顶点、面、相关信息、群组"的概念。

PLY 文件中包含了描述多边形点的信息，每个 PLY 文件只用于描述一个模型，典型的 PLY 文件结构包含三部分，分别是头部(header)、顶点元素列表(vertex list)以及面片元素列表(face list)。

header：规定文件的关键词，定义关键元素、顶点坐标的元素个数、模型的总面片数、顶点坐标以及索引的属性，位置从 PLY 开始直到 end_header。

vertex list：包含空间顶点坐标的元素(x,y,z)。

face list：包含每个面片的顶点索引信息，格式为

<组成该面片的顶点数 N><顶点♯1 的索引><顶点♯2 的索引>…<顶点♯N 的索引>

PLY 文件也包含两种子格式，一种是 ASCII 码格式，方便开始；另一种是二进制格式，方便紧凑存储和快速保存及加载。下面是一个正四面体的 PLY 文件 ASCII 码格式文件实例。

```
ply
format ascii 1.0
comment 这是一个正四面体
element vertex 4
property float x
property float y
property float z
element face 4
property list uchar int vertex_index
end_header
0 3 0
2.449 - 1.0 - 1.414
0 - 1 2.828
- 2.449 - 1.0 - 1.414
3 0 1 3
3 0 2 1
3 0 3 2
3 1 2 3
```

其中1～10行是头部；11～14行是顶点元素列表，顶点编号及三维空间坐标如下，顶点编号1：0 3 0，顶点编号2：2.449 －1.0 －1.414，顶点编号3：0 －1 2.828，顶点编号4：－2.449 －1.0 －1.414；15～18行则是面片元素列表，3 0 1 3、3 0 2 1、3 0 3 2、3 1 2 3分别代表四个三角面片的顶点索引号。

由实例可以看出，相比STL文件来说，采用PLY格式存储三维模型数据虽然多出了三角面片索引部分，在一定程度上加快了三维模型的存取速度，但是并未涉及三维模型的材质、颜色等信息，因此其并不能很好地适应未来越来越复杂的三维模型数据存储要求。

4）AMF

AMF（additive manufacturing file format）是由美国材料与试验协会（ASTM）设计，用于描述增材制造（诸如快速原型制造、3D打印）过程中的对象的开放标准。标准的AMF文件包含object、material、texture、constellation、metadata等五个顶级元素，一个完整的AMF文件至少要包含一个顶级元素。

AMF文件还包含geometry specification、color specification、texture maps、material specification、mixed、graded、lattice、random materials、print constellations、meta-data、optional curved triangles、formulas、compression等信息。作为一种较新型的数据存储格式，AMF文件的标准格式基于XML格式的通用格式，文件设计之初的目的是方便任何CAD软件都能描述任何3D打印机上要制作的任意三维模型对象的形状和组成。尤其针对前面提到的STL格式中存在的问题，AMF格式以目前3D打印机使用的STL格式为基础，能够记录颜色信息、材料信息及物体内部结构等，弥补了STL格式的弱点，其模型更复杂。

表2.1中介绍了AMF格式中几种基本结构及其包含的信息，其中每一个结构都可包含一个或多个子结构，如＜volume＞、＜mesh＞以及＜vertices＞等。

表2.1　AMF格式的基本结构

名　　称	包含的信息
＜object＞	定义模型的体积或3D打印用到的材料的体积，每个文件必须包含至少一个object元素（用来描述物体）
＜material＞	定义单个或多个可供3D打印的材料及其ID
＜texture＞	定义模型用到的颜色或贴图纹理，定义单个或多个纹理映射
＜constellation＞	定义模型的结构和结构关系，定义位移参数、旋转参数，是instance的集合
＜metadata＞	定义有关文件中包含的对象和元素的附加信息

AMF文件的一个实例代码如下。

< ? xml version= "1.0" endcoding= "utf-8?">
< ! -AMF generated by Jonathan Hiller's XmlStream class, originally

```
written for AMF file format(http://amf.wikispaces.com/-->
< amf unit= "millimeter"version= "1.1">
< metadata type= "name"> AMF 软件< /metadata>
< object id= "1">
< metadata type= "name"> Default< /metadata>
< mesh>
  < vertices>
    < vertex>
      < coordinate>
        < x> 1< /x>
        < y> 1< /y>
        < z> -1< /z>
      < /coordinate>
    < /vertex>
……
< volume>
< metadata type= "name"> tmp< /metadata>
  < color>
      < r> 0.8< /r>
    < g> 0.8< /g>
    < b> 0.8< /b>
< /color>
```

由上述文件代码可以看出，各子结构包含的元素及其功能如下：

＜mesh＞结构包含＜vertices＞、＜vertices＞子结构，一个 AMF 文件中可包含多个＜object＞结构，分别对应同一产品的不同组成部位；

＜metadata type＝"name"＞主要用于定义模型名称以及文件作者信息等；

＜volume＞结构是＜triangle＞的集合，可以指定已经定义好的材料类型；

＜vertices＞结构是＜vertex＞的集合，包含了三角网格中的点的三维坐标 (x,y,z)；

＜color＞结构定义模型的材质信息，采用三原色光模式(RGB)颜色信息来表示不同的材料。

为了能在现存多种类型的增材制造文件格式中脱颖而出，成为新的文件标准，AMF 格式在设计之初就着重解决以下问题。

(1) 技术独立：任何一种成为标准的文件格式都采用通用的方式描述对象，AMF 格式同样采用 XML 结构，以通用的方式描述模型对象的信息。采用 XML 结构有两个好处，一是不仅能由计算机处理，而且人也能看懂；二是将来可通过增加标签轻松扩展，扩展后不仅可以记录单一材质，还可对不同部位指定不同材质，能分级改变两种材料的比例进行造型。模型对象内部的结构用数字公式记录，能够指定在模型对象表面印刷图像，还可指定 3D 打印时最高效的打印途径。另外，还能记录作者的名字、模型对象的名称等原始数据。

（2）简单：易于理解和实现，同时，为了便于理解与应用，文件格式应该能够在一个简单的文本查看器中进行读和写操作，而且相同的信息不应重复存储在文件中的多个地方。

（3）可扩展性强：随着零部件复杂性和尺寸的增加而扩展，能够随着制造设备分辨率和精度的提高而扩展，这包括能够处理相同对象的大阵列、复杂的重复内部特征（例如网格）、具有精细打印分辨率的平滑曲面，以及多个布置在理想的填充材料包中用于打印的组成部分。

（4）高性能：为读取和写入操作分配合理的持续时间（交互时间），并为典型的大体积对象分配合理的文件大小。

（5）兼容性强：不仅体现在向后兼容，而且能够与现存的诸如 STL、PLY 格式互相兼容，更能适应未来发展的需求，实现向前的兼容性。

AMF 格式具有简单的结构、通用的网格表示方法、极强的兼容性及可扩展性，可以预见，其在未来三维模型文件中的应用比例将会越来越高，甚至有希望超过 STL 格式成为新的文件标准。虽然 AMF 格式有望成为新一代 3D 打印数据标准，但由于缺少行业巨头公司的支持，其推行起来仍存在诸多困难。

5）3MF

由微软牵头的 3MF 联盟，于 2015 年推出全新的 3D 打印格式——3MF（3D manufacturing format）。相较于 STL 格式，3MF 格式能够更完整地描述 3D 模型，除了几何信息外，还可以描述内部信息、颜色、材料、纹理等其他信息。3MF 同样也是一种基于 XML 格式的数据格式，具有可扩展性。对于使用 3D 打印的消费者及从业者来说，3MF 最大的优点是 3D 打印行业大品牌支持这个格式。3MF 联盟的成员有 Microsoft、Autodesk、Dassault Systemes、Netfabb、SLM Solutions、惠普（HP）和 Shapeways 等。微软 Windows 10 等支持 3MF 打印格式。

对以上几种文件格式加以比较，结果如表 2.2 所示。

表 2.2　常用三维模型文件格式比较

文件格式	STL	OBJ	PLY	AMF	3MF
描述内容	三角面片	直线、多边形、表面、自由形态曲线	点、面、相关数据、群组	几何信息、颜色、材料、作者信息等，可扩展	几何信息、颜色、材料、纹理等
是否包含彩色信息	否	否	是	是	是
是否包含材料信息	否	否	否	是	是
公司	3D Systems	Wavefront Technologies	Stanford Graphics Lab	ASTM 委员会	3MF 联盟

另外还有 DXF 格式,它是 AutoCAD 用来将内部图样信息传递到外部的文件格式,不是由标准化机构制定的标准,但由于 AutoCAD 软件的流行,DXF 文件也成为中性文件的一种。

STL 格式的应用广泛,已有的 3D 打印软件都支持 STL 格式,针对 STL 格式的设计应用最广泛。STL 格式是基于三角网格格式的三维模型,使用多个三角面片组合接近并表现三维模型的曲面形式,而彩色三维模型数据则是将颜色信息作为附加信息,添加在模型坐标信息之中。

2.2.3 STL 模型及其细化处理

STL 模型类似于有限元的网格划分,它将物体表面划分成很多个小三角形,使用三角面片来近似表示三维实体模型的表面,并且通过对三角形顶点坐标和三角形的法向量的描述来表示 3D 模型的几何特征,图 2.4 所示的是一个烟灰缸的 STL 模型。图 2.5 所示的是 STL 模型中放大的任一三角面片,每个面片用 3 个顶点坐标及其法向量这 4 个数据项唯一表示。

图 2.4　烟灰缸的 STL 模型

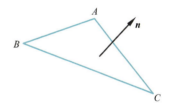

图 2.5　STL 模型中的三角面片

1. STL 模型遵循的规则

STL 模型遵循如下规则。

1) 共顶点规则

每一个三角面片都必须与其相邻的三角面片共用两个顶点,即一个三角面片的顶点不能落在相邻三角面片的边上。如图 2.6(a)所示,△ABC 的顶点 C 落在了△BFD 的边 BD 上,违反了共顶点规则,可通过连接顶点 F、C 和 G 对其进行修正,如图 2.6(b)所示。

2) 取向规则

对于每一个小三角面片,其法向量必须向外,3 个顶点连成的矢量的方向按右手定则确定,而且,相邻的小三角面片不能出现取向矛盾。图 2.7 所示为法向量与三角形顶点的关系。

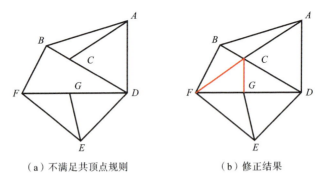

(a)不满足共顶点规则　　　　　　(b)修正结果

图2.6　STL模型的共顶点规则

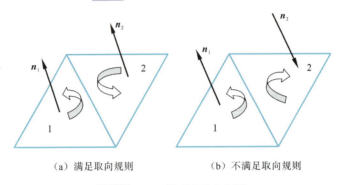

(a)满足取向规则　　　　　　(b)不满足取向规则

图2.7　STL模型的取向规则

3)取值规则

每个小三角面片的顶点坐标值必须是正数,零和负数是错误的。

4)充满规则

在模型的所有表面上必须布满小三角面片,不得有任何遗漏。

2. STL格式存在的缺陷及相关处理办法

虽然STL文件的应用非常广泛,但由于文件格式的缺陷,其存在数据冗余、缺乏拓扑信息、数据量大、数据错误等问题。

1)数据冗余

STL文件通过三角形顶点坐标和三角面片的法向量这4个参数来表示三维模型的几何特征。STL文件有二进制形式和ASCII码形式两种,数据处理时一般采用ASCII码形式。ASCII码形式示例如下:

```
solid< part name>                          //物体名称,实体开始标记
    facet normal < float> < float> < float>//第一个面的外法向矢量
    outer loop                             //三角形环开始标记
        vertex< float> < float> < float>//第一个面的第一个顶点坐标
        vertex< float> < float> < float>//第一个面的第二个顶点坐标
```

```
            vertex < float> < float> < float>//第一个面的第三个顶点坐标
     end loop                                //三角形环结束标记
     end facet                               //第一个面标记结束
     facet normal < float> < float> < float> //第二个面的外法向矢量
     outer loop                              //三角形环开始标记
            vertex < float> < float> < float>//第二个面的第一个顶点坐标
            vertex < float> < float> < float>//第二个面的第二个顶点坐标
            vertex < float> < float> < float>//第二个面的第三个顶点坐标
     end loop                                //三角形环结束标记
     end facet                               //第二个面标记结束
     ...
     End solid < part name>                  //实体标记结束
```

实际上,如图 2.8 所示,△ABC 每个顶点至少为 3 个三角形所共有,因此在存储信息时一个顶点的数据至少会被保存 3 次;另外,由于满足右手定则,每个三角面片的法向量可以由三角形的 3 个顶点给出,因此法向量也是冗余的。一般情况下,假设 STL 文件中的面片数为 $n_{面}$,生成 STL 文件时不重复的顶点数为 $n_{顶}$,则两者之间具有如下关系:

$$n_{面}/n_{顶}=2$$

相应地可以求出冗余的顶点数为

$$3n_{面}-n_{面}/2=2.5n_{面}$$

即顶点冗余数大约是面片数的 2.5 倍。

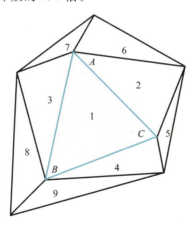

图 2.8　三角面片的数据冗余

这些冗余的信息不仅占用资源,而且影响数据的传输、读取和处理速度。

王从军、任乃飞等分别提出了新的数据格式。他们提出的数据格式仍然采用三角面片来逼近几何实体模型,但是在保存信息时,首先对三角形的顶点按 x、y、z 方向进行排序,按顺序存储各点的信息;然后按右手定则建立三角形面对应点的索引,依次保存每个面的信息。这种新的 STL 格式文件的大小为原来二进制格式文件的 1/3～1/2。

崔树标、卫炜等分别用三轴分块排序算法和哈希表算法对 STL 文件中的冗余顶点进行过滤,大大提高了数据处理的速度。

2) 缺乏拓扑信息

一个完善的拓扑结构应满足以下条件:

(1) 处理大数据量的操作时,依然十分高效、快速;

(2) 具备分析数据质量的能力,即能够快速地搜索孔洞、间隙和边界;

(3) 能够快速查询每个点的邻域信息;

(4) 能够快速查询每个面的相邻 3 个面;

(5) 通过一条边可以遍历所有其他的边;

(6) 通过一个面可以遍历所有其他的面。

STL 文件中虽然存在着大量的冗余数据,但是缺少三角面片之间的拓扑信息,相应有一些处理方法。

(1) 通过建立基于 VF 存储结构的平衡二叉(AVL)树顶点聚合算法,去除冗余信息,压缩 STL 文件的大小;同时,利用基于虚 AVL 的邻边搜索优化算法完成 STL 半边拓扑信息重建。虽然这种方法的处理速度接近商业软件的水平,但是在 AVL 的快速生成、内存管理等方面还有需要进一步解决的问题。

(2) 将半边数据结构用于 STL 文件拓扑信息的重建,提出基于散列的 STL 拓扑信息重建的方法,但这是一种静态的结构,不适用于网格的动态修改。

3) 数据错误

在将三维模型转换成 STL 文件的过程中,如果出现 STL 文件规则或参数设置不当、相交的曲面曲率相差过大等错误,产生的 STL 文件可能会出现孔洞、裂缝、重叠、顶点不重合及法向错误等问题。常见错误如表 2.3 所示。

表 2.3　STL 文件常见错误

错误类型	错误原因
孔洞和裂缝	在对多个大曲率曲面相交而形成的曲面进行三角面片处理时,容易遗漏一些小曲面的三角形,造成孔洞和裂缝
重叠	如果面片顶点坐标的精度不够高,或对于分块造型的模型在造型后没有将添加面去除,都可能产生面重叠或体重叠
法向错误	生成 STL 文件时顶点顺序混乱,导致违反取向规则
顶点不重合	相邻的三角面片顶点重合数少于 2 个,三角形的顶点落在了相邻三角形的边上但没有出现裂缝

习俊通等提出了 STL 文件的诊断和修复方法:先利用三角面片结构中的标记 flag 来对各种错误进行诊断分类,然后采用空间多边形三角剖分算法对孔洞和裂缝进行修复;同时提出了一种基于坐标区域分块的点表、边表、面表的快速建立方

法,以提高 STL 文件的诊断和修复效率。

目前,Materialise 公司开发的 Magics RP 软件在 STL 格式文件中的查错、纠错、合并等编辑功能非常强大,国内各研发机构亦推出了多个功能较强的 STL 格式文件修复软件。

3. STL 模型的细化

由 CAD 系统设计出来的三维模型,其表面三角剖分之后会呈现多面体状。尽管生成 STL 模型时可以根据精度要求选择三角面片的大小,但是传统 STL 格式的表面网格化往往较为粗略,不适合多材料异质零件 CAD 模型的材料的精细描述,为此需对其进行网格细化及均匀化。图 2.9(a)所示为一单色实体模型,采用传统的 STL 格式将该模型面化成图 2.9(b)所示的含有 12 个面片和 8 个顶点的面化模型,为提高异质零件的结构和材料信息描述精度,对图 2.9(b)所示的每个面片进行细化得到如图 2.9(c)所示的细化 STL 网格化模型。

(a) 单色实体模型　　(b) 传统的STL面化模型　　(c) 细化后的STL网格化模型
　　　　　　　　　　　（12个面片,8个顶点）　　（11962个面片,5983个顶点）

图 2.9　STL 模型网格细化

图 2.10 所示的是对一个尺寸为 200 mm×200 mm×240 mm 的模型,分别采用传统单色 STL 处理、12.7 mm 三角网格细化和 5.08 mm 三角网格细化的对比图。对比可知细化后的网格精度及均匀度较传统单色 STL 模型在材料的描述方面要理想得多。

(a) 传统单色STL模型　　(b) 12.7 mm三角网格细化　　(c) 5.08 mm三角网格细化
　　　　　　　　　　　　　　的STL模型　　　　　　　　　　的STL模型

图 2.10　STL 模型网格细化对比

对 STL 模型进行细化,不仅可以提高模型外形结构的精度,而且使得以 STL 格式为基础的对多材料异质零件材料空间的描述成为可能。

2.2.4 微四面体模型

异质零件内部和外表面可能具有不同结构和不同材料,需要对其外部和内部信息分别描述。建立内部特征点的模型有利于复杂信息处理。本书使用的微四面体模型具有很强的内部信息处理能力,为后续章节多材料异质零件信息处理的标准格式。

1. 微四面体的创建

利用 STL 文件所产生的三角面片,可以获得异质零件的表面信息,此时每个三角形顶点的特征已知。通过这些已知的顶点,向零件内部构建四面体。仍然以图 2.9 所示的正方体模型为例,定义图 2.9(b)所示的 STL 网格化模型的各顶点,并为其加上空间直角坐标系,如图 2.11 所示。

从图 2.11 所示的网格化模型中,取出 $\triangle ADC$、$\triangle ADE$、$\triangle ACE$ 及 $\triangle DCE$ 所构成的四面体 $ACDE$,并以它为研究对象。假设原模型是一个边长为 10 mm 的正方体,并分别将边 AD、DC、DE 五等分,则图 2.12 中各点的坐标如表 2.4 所示。

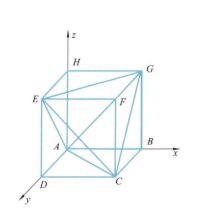

图 2.11 空间直角坐标系下的网格化模型

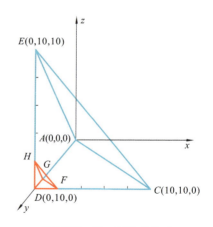

图 2.12 微四面体的构建

如图 2.13 所示,特征节点分别为 $v_1(x_1,y_1,z_1)$、$v_2(x_2,y_2,z_2)$、$v_3(x_3,y_3,z_3)$、$v_4(x_4,y_4,z_4)$。如果图 2.13 所示的四面体的边 v_1v_2 被 m 等分,边 v_2v_3 被 n 等分,边 v_2v_4 被 k 等分,就可以建立如图 2.14 所示的微四面体。

2. 微四面体创建流程

通过上述方法,基于 STL 格式的微四面体创建流程如图 2.15 所示。

表 2.4　网格模型中各特征节点的坐标

节点	A	D	C	E	F	G	H
坐标值	(0,0,0)	(0,10,0)	(10,10,0)	(0,10,10)	(2,10,0)	(0,8,0)	(0,10,2)

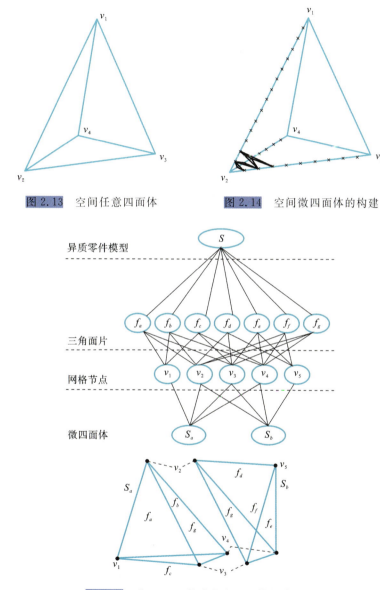

图 2.13　空间任意四面体　　图 2.14　空间微四面体的构建

图 2.15　基于 STL 格式的微四面体创建流程

从图 2.15 可以看出，针对 STL 格式，对三角形各边进行细化，可以获得已知特征的网格节点，通过这些网格节点就可以依次构建出微四面体。图 2.16 中，S_a、S_b 分别为实体被分解后的空间四面体，$f_a \sim f_g$ 分别为空间四面体的各三角面片，$v_1 \sim v_5$ 分别为被分解后的三角面片的各顶点。

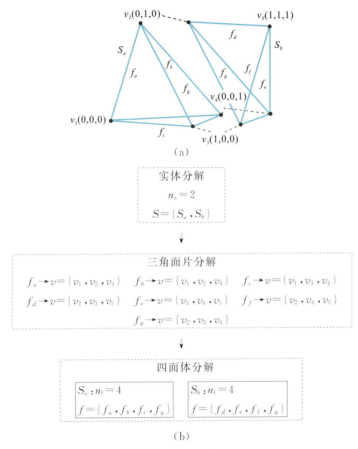

图 2.16 微四面体分解

假设已知上述实体各顶点的坐标值，就可以得到图 2.16 所示的各点、面、体的参数关系。

图 2.16 中，n_s 为空间四面体的个数；n_f 为四面体被分解成的三角面片的个数。

利用上述方法构造微四面体，就可以得到基于微四面体空间单元的多材料异质零件模型。其每个微四面体可视为相对独立的实体单元(见图 2.17)，每个微四面体单元结构信息由 4 个顶点(A,B,C,D)、4 个面法向量(u,v,s,t)表示，而其材料信息由下式描述。

$$\boldsymbol{P}_m = \begin{bmatrix} m_1 & m_2 & \cdots & m_k \end{bmatrix}^{\mathrm{T}} = \boldsymbol{M} \cdot \begin{vmatrix} u \\ v \\ s \\ 1 \end{vmatrix} = \begin{vmatrix} a_1 & b_1 & c_1 & d_1 \\ a_2 & b_2 & c_2 & d_2 \\ \vdots & \vdots & \vdots & \vdots \\ a_k & b_k & c_k & d_k \end{vmatrix} \cdot \begin{vmatrix} u \\ v \\ s \\ 1 \end{vmatrix} \quad (2.1)$$

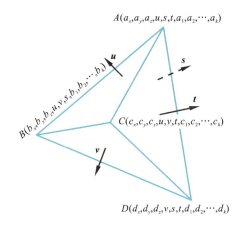

图 2.17 微四面体各点定义

式中:P_m 指四面体上任意一点的材料信息;M 为四面体顶点材料分布矩阵。

在使用上述方法构建的基于单色 STL 格式的微四面体多材料异质零件 CAD 模型的基础上,建立微四面体各顶点的材料信息与色彩信息的映射函数,创建以彩色 STL 格式描述的多材料异质零件 CAD 模型,就可以为后续的多材料异质零件 CAD 模型的可视化和成形制造奠定基础。

2.3 本章小结

异质零件的 CAD 建模是异质零件 3D 打印技术的关键性、基础性问题,本章在介绍异质零件 3D 打印成形原理的基础上,论述了面向异质零件 CAD 建模所采取的几种数据存储格式。STL 格式作为 3D 打印领域的"准标准",有着极其广泛的应用,因此,本章重点围绕 STL 数据模型的细化、基于 STL 数据格式的微四面体定义,以及异质零件微四面体构建方法,介绍了异质零件 CAD 建模的基础理论,为后续第 3~5 章的建模和可视化奠定理论基础。

本章参考文献

[1] 陈小安,谭宏. 三维几何模型的中性文件格式的数据交换方法研究[J]. 机械工程学报,2001,37(10):93-95.

[2] 郑俊峰. CAD 中的数据转换及处理技术[J]. 现代机械,2003(3):28-30.

[3] 王永辉. CAD 数据转换格式的对比[J]. 机械设计与制造,2002(3):44-46.

[4] 谢鹏寿,李琴兰,包仲贤. 机械行业 CAD 集成系统中 STEP 标准的应用研究[J]. 2005(2):12-15.

[5] 孙宏伟,王健,杨百龙,等. 产品三维模型 STEP 数据到 VRML 格式的转换技

术[J].西北工业大学学报,2001,19(3):381-384.
[6] 孙宏伟,王健,杨百龙,等.STEP 到 VRML 格式转化中实体三角剖分的快速算法[J].机械科学与技术,2001,20(4):600-602.
[7] 赵吉宾,刘伟军,王越超.基于 STL 文件的实体分割算法研究[J].机械科学与技术,2005(2):131-134.
[8] 朱虎,杨忠凤,张伟.STL 文件的应用与研究发展[J].机床与液压,2009,37(6):186-188.
[9] 黄国胜,徐欣,江先志,等.面向 3D 打印机的彩色三维模型成型技术[J].先进制造技术,2017,34(2):30-33.
[10] 王从军,张李超,黄树槐.一种新的 STL 数据压缩存储格式[J].中国机械工程,2001,12(5):558-560.
[11] 赵美利,杨晶,毛红奎,等.基于 STL 文件格式的实体分割及缺陷修复方法研究[J].系统仿真技术,2008,4(1):35-38.
[12] 崔树标,张宜生,梁书云,等.STL 面片中冗余顶点的快速滤除算法及其应用[J].中国机械工程,2001,12(2):173-175.
[13] 任乃飞,万俊,胡汝霞.基于拓扑关系的 STL 文件格式研究[J].农业机械学报,2005,36(11):143-145.
[14] 卫炜,周来水,张丽艳.海量 STL 文件的快速读取与显示[J].机械科学与技术,2006,25(8):935-938,975.
[15] 戴宁,廖文和,陈春美.STL 数据快速拓扑重建关键算法[J].计算机辅助设计与图形学学报,2005,17(11):2447-2452.
[16] 赵歆波,张定华,熊光彩,等.基于散列的 STL 拓扑信息重建方法[J].机械科学与技术,2002,21(5):827-828.
[17] 周华民,成学文,刘芬,等.STL 文件错误的修复算法研究[J].计算机辅助设计与图形学学报,2005,17(4):761-767.
[18] 习俊通,李忠国,金烨,等.快速成形中 STL 模型的自动修复方法与软件研究[J].中国机械工程,2000,11(S1):62-65.
[19] 刘芬,周华民,李德群.STL 错误的手工修复方法研究[J].计算机工程与应用,2006,42(11):91-93.

第3章 异质零件的静态建模方法

传统的CAD模型侧重于零件的几何及空间拓扑关系描述,零件通常认为由单一、均匀材料组成。与传统的CAD建模方法不同,异质零件建模将零件的材料种类及分布作为新的设计变量,通过合理地设计产品的几何参数及材料的空间组分分布来实现特殊的产品设计要求。同时,异质零件建模可充分发挥多种材料的优点和特色,产生新的复杂结构和功能,因而在诸多领域将得到广泛应用。异质零件建模的核心是将产品的几何结构与材料设计有机结合起来,使用统一的格式或转化接口,使几何结构特征和材料组成有机地整合为一体,直接用于数字化制造生产。

近年来,针对材料均匀、规律变化的静态建模方法研究较多,本章给出基于体素法和基于边界表示法的结构模型,并把材料信息添加到结构模型中,设计异质零件的静态模型。点云数据是三维建模常见的数据存储方式,基于空间点云数据的建模具有通用性。本章基于点云数据选择特征节点,使用赋予材料属性的方式实现异质零件模型的数字化定义,采用不同色彩表示不同材料,实现异质零件模型建立的可视化。

3.1 静态模型

在现有的异质零件模型建模方法中,较具有代表性的有基于体素法的建模方法和基于边界表示(boundary representation,B-Rep)法的建模方法,静态建模方法是指在三维物体结构建模的基础上,加入材料信息及映射方法的建模方法。

1. 基于体素法的异质零件建模

体素(voxel),是体积元素(volume pixel)的简称,是数字数据于三维空间分割上的最小单位。

Siu等提出了基于"梯度源"的建模方法。梯度源可视为零件内部材料的"发源地",以任何一个固定参考如点、线、面为梯度源,距离函数$f(d)$作为材料组分的分布方程,d表示模型内某点到梯度源的距离。定义一个n维的数组N存储异质零件内各点的材料组分信息。$f(d)$和数组N作为从异质零件几何空间映射到其材料空间的依据。对于材料分布较为复杂的异质零件,该方法难以满足材料的建模需求。

吴晓军等提出了距离场定义下的CAD建模方法和基于欧氏距离测度网格模型体素化算法。前者是一种基于固定参考特征和活动梯度源的方法，后者利用线性八叉树的编码特性，将三维多边形网格模型离散成体素表示的模型，通过多边形网格轮廓体素和模型内、外体素序列的标志位特性，将三维网格模型内部体素化，产生准确的26-邻接体素模型。此种采用体素的建模方法，易于表达材料分布不规则的非均匀实体，但是只能以有限的分辨率逼近真实实体，准确性低，为精确表达实体，需要大量的存储空间。

Jackson提出了利用有限元网格描述零件几何信息，用内部有限元单元节点到边界的距离为变量表示材料信息的建模方法。该方法采用材料局部组分控制模型，基于有限元网格描述异质零件几何信息，以内部有限元网格节点到边界的距离为变量描述材料信息。该方法的不足之处在于模型被细化为不规则的四面体单元，数据运算和切片分层等数据处理较为复杂。

2. 基于B-Rep的异质零件建模方法

Kumar以B-Rep为基础，采用以描述异质零件模型外形的r_m-set集合与描述材料变化信息的r_m集合相结合的方式进行异质零件建模。用几何空间描述异质零件几何信息，用材料空间描述异质零件材料信息。该建模方法采用r_m-set和建立在正则集上的正则布尔运算，明确异质零件在几何与拓扑特征上的非流形特性，根据异质零件材料信息部分的特征，将异质零件几何区域剖分成有限个互不相交的正则几何区域，各个子区域的并集形成完整的零件几何区域。在零件的材料信息表述上，对于单个点的材料特征模型，假设异质零件的材料种类数目为n，以各种构成材料的体积分数表示零件内任意一点上的材料特性，并且每个点上的各材料组分的体积分数之和恒为1。此种r_m-set模型的缺点是只能表示简单的材料分布，且材料分布的表达依赖于坐标系。

Kou等提出了B-Rep的建模方法和异质特征树(heterogeneous feature tree，HFT)建模方法。其几何空间的表述建立在B-Rep基础上。在材料信息表达上，异质特征树由一些安排有序的节点组成，每个节点由子节点组成。不同层次级别节点的材料变化有相互依存关系，高层次级别节点的材料组成由它的子节点材料和每个子节点材料的权因子共同决定。这样通过树形结构将实体材料空间变化的依存关系进行编码，在进行材料组分查询时，通过相应的"解码"实现材料组分的动态查询。此种异质特征树方法可以描述多种材料分布，但是用户无法预知模型的结构、热力和其他性能。

此外，Patil等提出了采用R函数描述材料结构的建模方法，他们采用r_m目标模型描述异质零件模型；Biswas等提出了基于几何域的场建模方法；Fadel等研究了基于三维像素点的建模方法和基于空间曲线控制点的建模方法，并对异质零件有限元分析和成形方法进行了研究。

这些建模方法较为复杂，多停留在理论研究阶段，大都未能基于目前广泛采用的商用 CAD 软件和 STL 模型进行材料信息的表达，且与后续异质零件的成形方法没有充分结合起来。本章设计的具有材料特征的彩色微四面体建模方法力图解决这些问题。异质零件的数字化模型设计流程如图 3.1 所示。

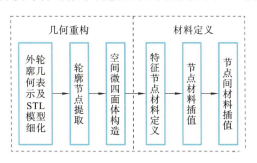

图 3.1　异质零件的数字化模型设计流程

3.2　网络节点的获取

采用 STL 文件描述基于空间点云数据的异质零件建模方法，通过三维造型软件画出异质零件 CAD 三维模型，保存为便于读取的 ASCII 码形式，进而获得 STL 格式的文本文件，读取文本文件便可获得三维坐标，得到几何空间结构，再把材料域建立在空间域的基础之上。本节重点描述的网络节点是材料模型的基本单位。

3.2.1　外轮廓几何表示及 STL 模型细化

采用通用 STL 格式表示的三维模型，如图 3.2(a) 所示，仅能从几何表示角度来描述模型，该描述方式的优点是对规则模型的描述简洁高效，有利于数据存储

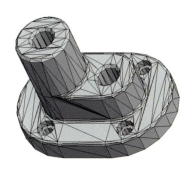

（a）通用STL模型

（b）网格细化后的STL模型

图 3.2　STL 模型细化

及运算。但对于曲面较复杂或精度要求较高的模型,这种描述方法的数据冗余度较高、数据量大、精确度较差,且多种软件输出的 STL 数据存在一定差异,从而导致表述的零件模型存在各种缺陷,在描述异质零件方面更是无能为力。针对上述通用 STL 格式的各种局限性,目前 Lipson 等正在研究新的替代数据格式 STL2.0。用第 2 章的细化方法,得到如图 3.2(b)所示的细化 STL 模型。

3.2.2 轮廓节点获取

在上述通用 STL 格式表示的三维模型基础上,根据零件的加工精度要求,确定 STL 面片细化的最小尺寸值。比较简洁的方法是直接按照通用 STL 格式表示的三维模型中的最小面片(如图 3.2(a)中的最小面片尺寸为 0.02 mm)为基准进行细化,从而获得 STL 三角面片均匀细化模型。而在 STL 模型中一些曲率变化较大处,针对三角面片本身就很细密的情况,为了减小运算量,在满足加工精度的前提下,可以采取多个微细三角面片合并的方式进行粗化。

通过三维软件进行三维模型的细化工作,把三维模型分解为许多细小空间三角面片,STL 文件显示了各个三角面片顶点的坐标和面的法向量(指向外部),一般相邻两个三角形有一条边重合,用许多细小空间三角面片逼近 CAD 零件模型,进而获得三角形均匀细化后的 STL 模型,如图 3.2(b)所示。该模型中的每个三角面片的大小几乎相同,虽然数据量较通用 STL 格式表示的三维模型大为增加,但有利于后续的异质零件的材料特征描述。

为消除上述 STL 模型细化带来的数据量大及数据冗余度大的缺点,基于异质零件的功能描述需要,只保留细化后的 STL 模型的节点数据(即点云数据),并加入节点拓扑信息即可准确地描述该模型的几何信息。模型细化前后的点云数据集如图 3.3 所示。基于以上获得的外部轮廓点云数据,再按照一定的精度要求把模型进行均分,即可得到空间有序点云数据集。

(a) 初始点云数据集　　　　　　(b) 细化后的点云数据集

图 3.3　模型细化前后的点云数据集

3.2.3 基于空间微四面体的网络节点获取

基于前述已经获得的点云数据集,利用 Delaunay 三角剖分算法中的增量算法(也称逐点加入法),进行各个微四面体的构造而形成新的异质零件内部表述模型,之后,再由该模型内部的各微四面体的节点按照图 3.4 所示的分解过程构造出新的网格节点数据集。该网格节点数据集与之前的点云数据集的不同之处在于:除了具有表示异质零件模型的内外曲面上的信息之外,还具有内部结构信息及内部各节点间的拓扑信息,这为进一步对异质零件模型的材料信息进行定义奠定了基础。

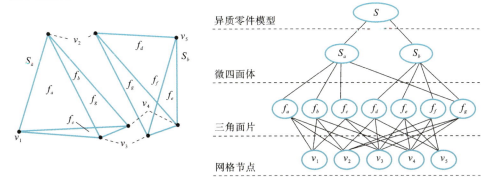

图 3.4 异质零件的 CAD 模型网格节点获取

基于第 2 章的微四面体建模方法,对异质零件 CAD 模型的材料空间描述可以使用基于微四面体的建模方法。通过建立与三维结构空间相对应的三维材料空间映射函数,即在结构特征的基础上,分别将材料特征赋予微四面体单元内的各顶点,微四面体内的微细材料分布按照该映射函数来确定,为确定异质零件 CAD 模型的内外表面和内部的结构信息和材料信息奠定基础。

3.3 基于体素法的建模方法

体素用于三维成像、科学数据与医学影像等领域,以特征节点作为体素,建立材料与节点的对应关系,然后建立实体模型,同时建立几何结构和材料组成模型,适用于内部材料与表面材料不完全相同的对象建模。

3.3.1 特征节点的获取

为准确描述异质零件内的材料分布,需要确定零件的结构特征节点和材料特征节点;为精细描述异质零件内的材料分布,还需要对零件的各特征节点进行适当插值细化。

图 3.5 所示的是由锌(Zn)、铝(Al)、铜(Cu)三种金属材料构成的梯度功能材料平面模型特征节点网格划分，以轮廓特征节点构成外框架 $P_1 P_5 P_{11} P_{10}$。材料特征节点 P_2、P_3、P_4、P_6、P_7、P_8、P_9 的单种材料体分量均为 1，另外两种材料体分量为 0，再以这些材料特征节点构成细化特征节点，对模型进行适当细化。为提高材料分布的定义精度，还需将图 3.5 所示的网格进一步细化，细化的原则是各原有节点的材料分布向量(即材料变化曲率)，曲率变化越大，细化点越密集。

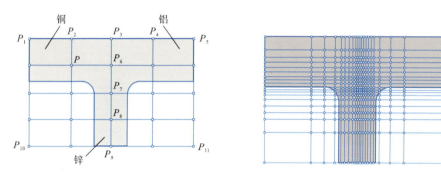

图 3.5　异质零件平面模型特征节点网格划分和材料定义网格细化

3.3.2　材料特征节点定义

基于图 3.5 所示的网格划分和细化后的节点，建立 STL 模型的均匀点云数据集，构建空间微四面体，形成新型几何模型，依据该零件的物理特性和材料分布特征，对其进行材料设计。异质零件 CAD 模型中某点 P，按照以下方法进行材料赋值。

$$M_P = \{M_1, M_2, \cdots, M_k, \alpha_1, \alpha_2, \cdots, \alpha_k, x_1, x'_1, y_1, y'_1, z_k, z'_1, \cdots, x_k, x'_k, y_k, y'_k, z_k, z'_k\} \tag{3.1}$$

式中：k 为该模型所含材料的总种类数；α_j 表示节点 P 处的第 j 种材料的体分量，所有材料的体分量之和应为 1，即

$$\sum_{j=1}^{k} \alpha_j = 1 \tag{3.2}$$

点 P_i 在 x 轴方向上第 j 种材料的体分量表示为

$$M_{P_i} = (\alpha_j, x) = \alpha_{ij}$$

$$\begin{cases} x_j = M_{P_{i+1}}(\alpha_j, x)/M_{P_i}(\alpha_j, x) \\ x'_j = M_{P_{i+1}}(\alpha_j, x')/M_{P_i}(\alpha_j, x') \\ y_j = M_{P_{i+1}}(\alpha_j, y)/M_{P_i}(\alpha_j, y) \\ y'_j = M_{P_{i+1}}(\alpha_j, y')/M_{P_i}(\alpha_j, y') \\ z_j = M_{P_{i+1}}(\alpha_j, z)/M_{P_i}(\alpha_j, z) \\ z'_j = M_{P_{i+1}}(\alpha_j, z')/M_{P_i}(\alpha_j, z') \end{cases} \tag{3.3}$$

式中：x_j 和 x_j' 分别为点 P 处沿 x 轴两个相反方向的第 j 种材料的分布变化量，用以表示该材料变化的趋势；x_j 为 x 轴方向上下一个节点 P_{i+1} 处该材料的体分量与该节点 P_i 处该材料体分量的比值，该值越大，表明此点周围的该种材料变化越剧烈，值为 1 表示节点 P_{i+1} 处该材料的体分量与节点 P_i 处的相同，其值为 ∞ 表示该点不含有此材料但其该方向的相邻节点含有该材料；y 和 y' 表示沿 y 轴两个相反方向的材料分布变化量，z 和 z' 则表示 z 轴两个相反方向的材料分布变化。

下面以二维平面内的多相材料分布设计为例，阐述多材料异质零件的材料设计过程。根据式(3.1)分别给图 3.6(a)所示的由锌、铝和铜三种材料构成的多相材料片层进行定义及赋值，首先对该多相材料片层进行网格细化，获得一系列材料分布控制节点，然后分别对各控制节点进行材料赋值，其节点材料分布的赋值定义如表 3.1 所示。表中每个点的材料体分量总和均应满足式(3.2)。

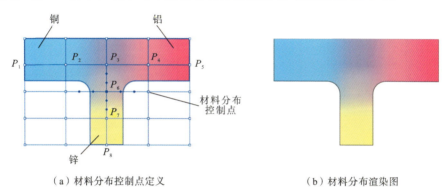

(a) 材料分布控制点定义　　　　(b) 材料分布渲染图

图 3.6　材料分布定义

表 3.1　节点材料分布赋值定义

节点	P_1	P_2	P_3	P_4	P_5	P_6	P_7	P_8
数值表示	(1,0,0, 0,0, 0,0)	(0.8,0.2, 0,0,0, 0.2,0)	(0.5,0.5, 0,0,−0.2, 0.5,−0.5)	(0.2,0.8, 0,0,0, 0,−0.2)	(0,1,0, 0,0, 0,0)	(0.33,0.33, 0.33,0.5, −0.5,0.5, −0.5)	(0.1,0.1, 0.8,0,0, 0.2,0)	(0,0,1, 0,0, 0,0)

则多相材料内任一点 P 的材料分布为

$$P = \begin{bmatrix} \alpha_1 \\ \alpha_2 \\ \vdots \\ \alpha_k \end{bmatrix} \begin{bmatrix} m_1 & m_2 & \cdots & m_k \end{bmatrix} = A \cdot M \tag{3.4}$$

式中：A 为材料系数矩阵；M 为材料种类矩阵。

图 3.6(b)所示为赋值后形成的材料分布渲染图。

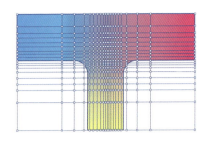

图3.7 材料定义网格细化

为提高材料分布的定义精度,还需对图3.6(a)所示的网格进行进一步细化,细化后的模型如图3.7所示。

利用公式(3.1),按照表3.1所列的各特征节点的材料分布赋值定义分别对图3.8所示的各节点赋值,经插值计算得到图3.9所示的特征节点材料定义图,插值算法参见3.3.3节。

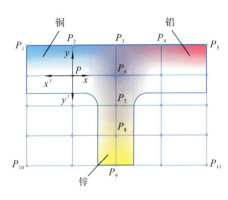

图3.8 特征节点材料分布定义

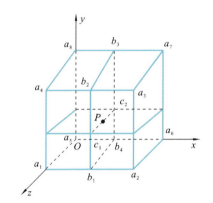

图3.9 空间节点 P 及相邻8个节点插值计算得到的特征节点材料定义

3.3.3 节点间线性插值算法

基于特征节点的不同材料组分,对于非特征节点的材料属性,采用数值分析和计算机图形学领域的三线性插值方法来获得,即在三维散乱数据集的张量积网格上进行线性插值,这个张量积网格可能在每一维度上都有任意不重叠的网格点,但并不是三角化的有限元分析网格。其特性以及与线性插值和双线性插值的关系为:三线性插值在一次($n=1$)三维($D=3$)(双线性插值的维数 $D=2$,线性插值的维数 $D=1$)的参数空间中进行运算,这样就需要$(1+n)^D=8$个与所需插值点相邻的数据点;三线性插值等同于三维张量的一阶B样条插值,其运算是三个线性插值运算的张量积。

如图3.9所示,节点 P 坐标为(x,y,z),其邻近的节点分别为 $a_1 \sim a_8$,$b_1 \sim b_4$,c_1,c_2,其最邻近的8个相邻节点为 $a_1 \sim a_8$(由空间点云数据获得,由这些节点的信息通过插值算法才可以获得 $b_1 \sim b_4$,c_1,c_2,进而得到空间任意节点 P 的属性值),其中各坐标数值都是0~1之间的值,以 $S(k)$ 表示节点 k 的属性值,则节点 P 三线性插值公式为

$$\begin{cases} S(b_1) = S(a_1) + x \times [S(a_2) - S(a_1)] \\ S(b_2) = S(a_4) + x \times [S(a_3) - S(a_4)] \\ S(b_3) = S(a_5) + x \times [S(a_6) - S(a_5)] \\ S(b_4) = S(a_8) + x \times [S(a_7) - S(a_8)] \\ S(c_1) = S(b_1) + y \times [S(b_2) - S(b_1)] \\ S(c_2) = S(b_3) + y \times [S(b_4) - S(b_3)] \end{cases} \quad (3.5)$$

式中：$S(a_i)(i=1\sim 8)$、$S(b_i)(i=1\sim 4)$、$S(c_i)(i=1,2)$ 分别为 a_i、b_i、c_i 的属性值；x、y、z 分别为节点 P 在 x、y、z 三个轴上的坐标。最后点 P 的属性值为

$$S(P) = S(c_1) + z \times [S(c_2) - S(c_1)] \quad (3.6)$$

根据上述节点赋值和节点间插值方法对细化网格进行材料分布运算，使用色彩表示材料进行可视化设计。根据实体的曲率等几何信息，实体的边界曲面首先被离散化为一系列单元网格（通常为三角形网格或四边形网格），可视化引擎再根据单元网格节点的三维位置及法向量逐一生成单元可视面片，进而实现整个边界曲面的渲染，如图 3.10 所示。

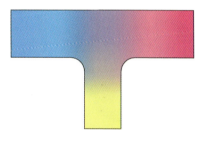

图 3.10　节点材料分布渲染图

基于上述建模方法，设计一些异质零件，对该异质零件建模方法进行结构和材料分布的测试。图 3.11 所示为异质零件的材料分布定义，图 3.11(a) 所示为三维模型，图 3.11(b) 所示为某切片层内特征节点，图 3.11(c) 所示为某切片层内特征节点的材料定义，图 3.11(d) 所示为基于特征节点的材料分布渲染图。

由于每个零件的特征节点数量相对于空间点云数据集而言，只占极小比例，因此仅根据已定义的特征节点直接进行材料插值计算，获得的整个三维模型的材料分布的精确度将较低。为提高材料描述的精确度，结合已有的空间点云数据集，选定某一切片层，基于特征节点对模型进行线性插值，即可得到该切片层内细化后节点，如图 3.11(e) 所示。图 3.11(e)、(f) 所示为特征节点插值后的材料分布定义及其渲染图，对比图 3.11(c)、(d)，可看出特征节点插值后的材料分布的精确度大为提高。

根据上述各切片层内的材料定义过程，遍历各切片层，即可完成三维异质零件模型的材料定义。

3.3.4　异质零件材料分布表示方法

1. STL 面片色彩信息映射的插值算法

使用色彩表示材料进行可视化设计。对于非两相梯度功能材料零件，或多于

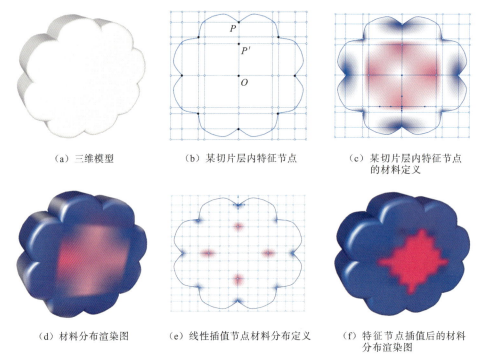

图 3.11 异质零件的材料分布定义

两相的梯度功能材料零件,三角面片内的色彩过渡与计算可采用双线性插值平均值法。

三角面片内任一点 P_m 的色彩值如图 3.12 所示,计算公式为

$$\begin{cases} C_{P_m} = \dfrac{[(1-\alpha)C_{P_i}+\alpha C_{P_{jk}}]+[(1-\beta)C_{P_j}+\beta C_{P_{ik}}]+[(1-\gamma)C_{P_k}+\gamma C_{P_{ij}}]}{3} \\ \alpha = \dfrac{d(P_i,P_m)}{d(P_i,P_m)+d(P_{jk},P_m)} \\ \beta = \dfrac{d(P_j,P_m)}{d(P_j,P_m)+d(P_{ik},P_m)} \\ \gamma = \dfrac{d(P_k,P_m)}{d(P_k,P_m)+d(P_{ij},P_m)} \\ 0 \leqslant \alpha \leqslant 1 \\ 0 \leqslant \beta \leqslant 1 \end{cases} \quad (3.7)$$

式中: $d(\cdot,\cdot)$ 为三角面片内任意两空间点之间的欧氏距离; α 为点 P_i 与点 P_{jk} 的材料值之间的线性插值权重; β 为点 P_j 与点 P_{ik} 的材料值之间的线性插值权重; γ 为点 P_k 与点 P_{ij} 的材料值之间的线性插值权重。

对于两相梯度功能材料零件的可视化色彩填充,式(3.7)可简化为

$$\begin{cases} C_{P_m} = \dfrac{(1-\alpha)C_{P_{ik}} + \alpha C_{P_{jk}} + (1-\beta)C_{P_{ij}} + \beta C_{P_{ik-m}}}{2} \\ \alpha = \dfrac{d(P_{ik}, P_m)}{d(P_{ik}, P_m) + d(P_{jk}, P_m)} \\ \beta = \dfrac{d(P_{ij}, P_m)}{d(P_{ij}, P_m) + d(P_{ik-m}, P_m)} \\ 0 \leqslant \alpha \leqslant 1 \\ 0 \leqslant \beta \leqslant 1 \end{cases}$$

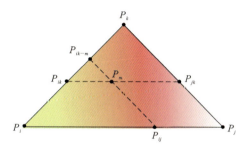

图 3.12　任一点 P_m 的色彩值

位于填充线 $P_{ij-1}P_{ik-1}$ 和 $P_{ij-n}P_{ik-n}$ 之间的区域为色彩过渡区域,如图 3.13 所示,该区域内任一点 P_m 的色彩值为

$$\begin{cases} C_{P_m} = (1-\alpha)C_A + \alpha C_B = (1-\alpha)C_{P_{ik-1}} + \alpha C_{P_{ik-n}} \\ \alpha = \dfrac{d(P_{ik-1}, P_{ik-m})}{d(P_{ik-1}, P_{ik-m}) + d(P_{ik-n}, P_{ik-m})} \\ 0 \leqslant \alpha \leqslant 1 \end{cases} \qquad (3.8)$$

式中:α 为点 A 色彩值和点 B 色彩值,也即 P_{ij-1}(或 P_{ik-1})与 P_{ij-n}(或 P_{ik-n})的色彩值之间的线性插值权重。

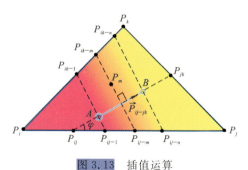

图 3.13　插值运算

色彩填充原则如下。

(1) 沿着线 AB 填充,A 为起点,B 为终点,直线簇 $P_{ij-m}P_{ik-m}(1 \leqslant m \leqslant n)$ 为一组填充平行线,通过该组平行线与三角面片的交点,可得出任一点的色彩分量,从而为材料的对应关系奠定基础。

(2)色彩填充沿着纯色种子 A 至 B 的色彩填充方向 $\overrightarrow{AB}$ 向量,即沿 $\vec{P}_{ij-jk}$ 进行填充。

(3)在填充线 $P_{ij-1}P_{ik-1}$(即经过纯色种子的起点 A 的填充线)左侧的区域为纯色区域,该区域的色彩值与点 A 的相同;在填充线 $P_{ij-n}P_{ik-n}$ 右侧的区域亦为纯色区域,该区域的色彩值与 B 点的相同。

如果色彩沿着一个方向变化,则可简化为如图 3.14 所示的方向,图中 A 点为 P_i 点,B 点为 P_j 点。也可离散为如图 3.15 所示的 5 个子面片,这就是面片细化,细化的原则:纯色种子 A、B 位置为顶点,AB 连线为一条边,形成 5 个面片,仍继续使用色彩填充方向 $\overrightarrow{AB}$ 向量即 $\vec{P}_{ij-jk}$ 进行填充。多相梯度功能材料细化可以得到更精确的材料模型。

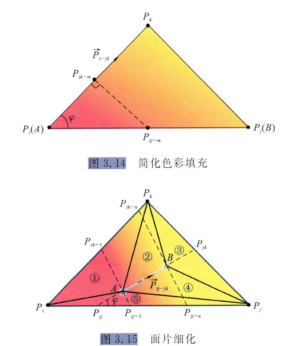

图 3.14 简化色彩填充

图 3.15 面片细化

材料模型可以通过定义几个参数来设计:材料种类、材料特性、材料分布。其中材料分布最为复杂,可以采用材料分布函数来描述。可视化建模过程使用颜色代表不同材料,对单色 STL 模型进行三角面片上色、零件上色、窗口上色、壳体上色等,从而生成彩色 STL 模型。图 3.16 所示的是对一个单色 STL 模型进行处理后,得到的零件表面彩色 STL 模型,异质零件的三种材料按梯度分布。

2. 微四面体实体描述方法

每个微四面体基本单元由 4 个顶点、面法向量表示(见图 3.17),因此,每个微四面体也可以由 4 个具有三维空间坐标信息和法向量信息的顶点来表示。基于此,实体模型可由具有一定分布规律的点云数据来构造(见图 3.18)。此处的点云

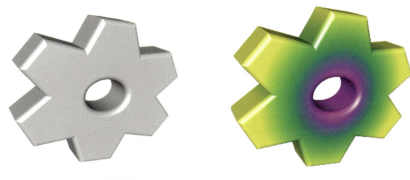

图 3.16　三种材料按梯度分布的异质零件

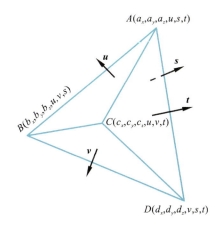

图 3.17　微四面体示意图

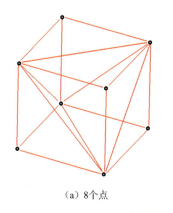 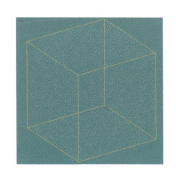

　　(a) 8个点　　　　　　　　　(b) 5983点云（单色）

图 3.18　实体的点云模型

数据与逆向工程(VE)中的点云数据有所不同,逆向工程所获得或使用的点云数据仅含有空间坐标信息,不含有法向量信息。由于点云数据的每个点均含有坐标信息和法向量信息,因此用此实体表述方法可在实体模型和点云数据之间实现互逆，从而为模型设计和模型可视化构建了一个桥梁。

构建基于微四面体空间单元的多相材料零件实体模型，每个微四面体可视为相对独立的实体单元，并赋予每个实体单元材料信息，图3.19(b)所示的是图3.19(a)的爆炸图，每个微四面体均含有不同的材料信息，每个微四面体内部则可看作均质材料。

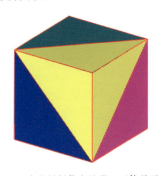 

(a) 含有材料信息的微四面体单元　　　(b) 微四面体单元爆炸图

图3.19　基于微四面体单元的多相材料零件建模方法

鉴于异质零件的材料分布极其复杂，通过一个或一组分布函数来统一描述所有的异质零件的材料分布显然是极其困难的。因此，可采用基于STL均匀面片和点云数据相结合的方式，将整个异质零件的材料设计离散成每个微四面体(即三棱锥)的材料设计，通过定义点云中各个点(也即微四面体的顶点)的材料分布来实现异质零件的材料设计，该方法的优点如下。

(1) 便于异质零件的CAD设计：STL格式是3D打印领域的准标准，具有极其广泛的应用，为各类快速成形系统所接受；以STL格式作为异质零件的设计文件格式，有利于与各类商用CAD软件(如Pro/Engineer、UG、SolidWorks等)、3D打印成形设备和工艺对接。

(2) 便于异质零件的可视化：在STL模型的基础上，添加各面片的彩色信息以形成彩色STL模型；考虑到只是零件表面的可视化，因此，只对异质零件位于表面的各STL面片进行色彩处理，而忽略各微四面体的其他三面的处理，可以节省大量的色彩处理时间。

(3) 便于异质零件的数据存储。

(4) 便于异质零件的成形加工。

(5) 微四面体内的材料分布是按照其4个顶点的各材料值递进分布的，可表示为材料分布函数，该函数中的参数有材料种类数、材料变化趋势(或称材料变化角度)、材料初始值和终点值。

3. 改进的网格细化法

第3.3.3节的方法对梯度变化均匀、规律的异质零件能够很好地实现三维几何形状及材料分布的可视化,但对于具有不规则材料分布的实体,该方法有着明显的缺陷。如图 3.20(b)、(c)所示,若简单采用第 3.3.3 节的方法,由于三角面片内部采用双线性插值算法,在三角面片各边长 $d_i(i=1,2,3)$ 差异很大的情况下,双线性插值算法将不可避免地引入突变的视觉效应(即非连续、非渐进的材料分布),使得原有的模型材料分布无法得以正确表达。造成这种现象的主要原因是该方法中单元网格的离散化仍基于传统的均质三维实体处理方法,其离散依据是实体的几何约束(如曲面的曲率等),因而会产生极大、极小或狭长的三角面片。

 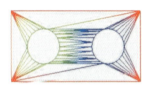 

(a) 实体的构造特征曲线　　(b) 采用传统方法得到的网格离散结果　　(c) 采用传统方法得到的渲染结果

图 3.20　基于几何约束的曲面网格细化与视觉突变效应

为解决材料变化的视觉突变效应,在异质零件曲面的离散化过程中,应同时兼顾待渲染实体的几何约束和材料分布约束。一种简单的解决方法是通过网格细化来控制离散网格单元面片质量。如图 3.21(a)所示,采用网格细化方法使得插值的原始场量(材料组分)变化局限于空间的局部邻域,可有效地解决材料变化的突变效应问题,实体模型如图 3.22 所示。

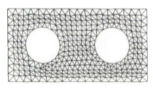 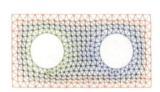 

(a) 细分网格　　(b) 获取材料分布后的细分网格　　(c) 无突变视觉效应的异质零件材料分布

图 3.21　通过离散网格细化减小材料分布的突变效应

3.4　基于表面轮廓的建模方法

实体内部和外部与其对应内部材料一致的结构形式是异质零件的典型结构之一,其模型应用范围也最广。对 3.3 节的材料属性进行简化,使用外部轮廓材料直接映射零件内部材料。

异质零件的边界曲面首先按照上述方法被离散化为一系列微四面体空间单元网格。然后根据异质零件的几何特征、材料分布特征和零件功能需求,赋予网

(a) 多种材料零件　　　　　(b) 网格细化零件模型　　　(c) 过渡无突变的材料分布

图 3.22　减小突变效应的三维实体模型

格中每个节点相应的材料信息,再根据单元网格节点的三维位置及材料值逐一计算各微四面体表面处的结构和材料分布,进而实现整个异质零件边界曲面的设计。

1. 线性插值法

异质零件微四面体内部材料信息可通过前述零件表面材料的空间线性插值得到,如图 3.23 所示。微四面体内任一点 P_n 的材料分布为

$$\begin{cases} M_{P_n} = \dfrac{1}{4}\left[(1-\alpha)M_{P_i}+\alpha M_{P'_i}\right]+\left[(1-\beta)M_{P_j}+\beta M_{P'_j}\right] \\ \qquad\quad +\left[(1-\gamma)M_{P_k}+\gamma M_{P'_k}\right]+\left[(1-\varphi)M_{P_l}+\varphi M_{P'_l}\right] \\ \alpha = \dfrac{d(P_i,P_n)}{d(P_i,P_n)+d(P'_i,P_n)} \\ \beta = \dfrac{d(P_j,P_n)}{d(P_j,P_n)+d(P'_j,P_n)} \\ \gamma = \dfrac{d(P_k,P_n)}{d(P_k,P_n)+d(P'_k,P_n)} \\ \varphi = \dfrac{d(P_l,P_n)}{d(P_l,P_n)+d(P'_l,P_n)} \\ 0\leqslant\alpha\leqslant 1 \\ 0\leqslant\beta\leqslant 1 \\ 0\leqslant\gamma\leqslant 1 \\ 0\leqslant\varphi\leqslant 1 \end{cases} \quad (3.9)$$

式中:$d(\cdot,\cdot)$、α、β、γ 与式(3.7)中的含义相同;φ 为节点 P_l 与节点 P'_l 的材料值之间的线性插值权重。

2. 颜色移置法

轮廓平面偏置采用颜色数据不变,将几何数据偏置一段距离的方法。偏置式算法主要解决的问题是求多边形顶点偏置一段距离后的位置。截面轮廓几何数据采用偏置式算法,轮廓内部几何数据采用直线式填充。

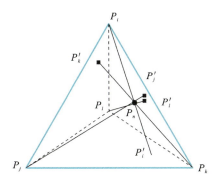

图 3.23　微四面体内部材料分布

如图 3.24 所示，多边形的顶点 A_2 偏置一段距离后，得到新的顶点 A_2'。已知 $A_1A_2A_3$ 是原轮廓，$A_1'A_2'A_3'$ 是偏置后的轮廓，d_{ist} 为偏置距离。点 A_2 坐标为 (x_i, y_i)，点 A_1 坐标为 (x_{i-1}, y_{i-1})，点 A_3 坐标为 (x_{i+1}, y_{i+1})，关键是求出点 $A_2'(x_i', y_i')$ 的坐标。对法向量 e_n 求取偏置，得到一个偏置轮廓，法向量 e_n 偏置后的正方向按右手定则确定，$\overrightarrow{A_1A_2}$ 逆时针旋转 $90°$ 之后就可以与 e_n 重合，这样可以认定 e_n 为正方向。按照外轮廓按逆时针存储并且轮廓内置、内轮廓按顺时针存储并且外置的原则，轮廓轨迹永远在 e_n 的正方向，满足

$$\frac{\overrightarrow{A_1A_2} \cdot e_n}{|\overrightarrow{A_1A_2}|} \geq 0 \tag{3.10}$$

设 $\overrightarrow{A_1A_2}$ 的方程为

$$ax + by + c = 0 \tag{3.11}$$

e_n 的方程为

$$e_n = ax + by \tag{3.12}$$

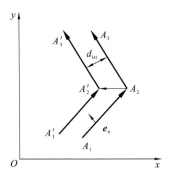

图 3.24　轮廓偏置方式

将点 A_1 坐标 (x_{i-1}, y_{i-1})、点 A_2 坐标 (x_i, y_i) 代入式(3.10)、式(3.11)可求出 a 和 b，$\overrightarrow{A_1'A_2'}$ 偏置方程为

$$ax + by + a^2 \times d_{ist} + b^2 + c = 0 \tag{3.13}$$

$\overrightarrow{A'_2A'_3}$ 偏置方程为

$$a_1x+b_1y+a_1^2\times d_{\mathrm{ist}}+b_1^2+c_1=0 \qquad (3.14)$$

设 $|\overrightarrow{A'_1A'_2}|=|\overrightarrow{A'_2A'_3}|=1$,$\overrightarrow{A'_1A'_2}$ 和 $\overrightarrow{A'_2A'_3}$ 偏置方程交点即偏置点 $A'_2(x'_i,y'_i)$ 的坐标,其计算过程为

$$x'_i=x_i+\frac{d_{\mathrm{ist}}(x_{i+1}-2x_i+x_{i-1})}{|x_{i+1}(y_i-y_{i-1})-x_i(y_{i+1}-y_{i-1})+x_{i-1}(y_{i+1}-y_i)|} \qquad (3.15)$$

$$y'_i=y_i+\frac{d_{\mathrm{ist}}(y_{i+1}-2y_i+y_{i-1})}{|x_{i+1}(y_i-y_{i-1})-x_i(y_{i+1}-y_{i-1})+x_{i-1}(y_{i+1}-y_i)|} \qquad (3.16)$$

按照这种方法,就可以按顺序求出经过轮廓偏置后的平面顶点坐标,依次将各点连接,可形成一个完整的轮廓路径并输出完整的材料信息。

图 3.25 所示的是基于线性插值的梯度分布赋值的异质零件模型,分别为通用 STL 模型、均匀细化后的 STL 模型、均匀细化点云数据集、内部材料分布渲染图。该示例使用的是线性插值法。

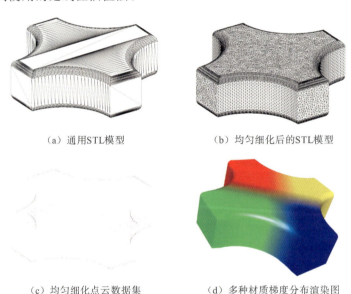

(a) 通用STL模型　　　　　　(b) 均匀细化后的STL模型

(c) 均匀细化点云数据集　　　(d) 多种材质梯度分布渲染图

图 3.25 基于线性插值的梯度分布赋值的异质零件模型

图 3.26 基于轮廓颜色移置映射的异质零件模型

图 3.26 所示为基于轮廓颜色移置映射的异质零件模型，对这种曲面的内部材料进行赋值时，使用颜色移置法更加高效。

3.5 本章小结

本章给出了基于微四面体网格细化的方法，通过对异质零件进行逐层分解，同时赋予网格节点材料信息，并以此为基础，构造网格表面及内部的结构和材料信息，从而完成异质零件的结构和材料的并行设计。此种基于空间微四面体的异质零件建模方法把结构设计、材料设计、模型可视化等设计过程融为一体，较其他方法具有如下优点。

(1) 采用了 STL 通用数据格式，便于与现有的 CAD 设计软件和 3D 打印设备对接，保障异质零件的 CAD 和 CAM 一体化数据格式。

(2) 可视化设计用颜色代表材料，可采用 CMYK 色彩模式映射材料，方法简单，种类多；彩色 STL 模型利用 3D 打印制造。

(3) 采用网格节点定义的方式，为利用点云数据进行异质零件 CAD 数据的快速重构开辟了一条新途径。

(4) 在渲染过程中，可只对异质零件位于表面的各 STL 面片进行色彩处理，而忽略零件内部各微四面体的显示处理，可以节省大量的色彩处理时间，利于后续的异质零件 CAD 模型的精细化及快速可视化。

静态建模法无法表达内部结构复杂和非均质结构的对象。第 4 章的动态建模方法可以完成更加复杂的模型的构建。

本章参考文献

[1] PATIL L, DUTTA D, BHATT A D, et al. A proposed standard-based approach for representing heterogeneous objects for layered manufacturing[J]. Rapid Prototyping Journal, 2002, 8(3):134-146.

[2] BISWAS A, SHAPIRO V, TSUKANOV I. Heterogeneous material modeling with distance fields[J]. Computer Aided Geometric Design, 2004, 21(3):215-242.

[3] KUMAR V, DUTTA D. An approach to modeling heterogeneous objects[J]. ASME Journal of Mechanical Design, 1998,120(4):659-667.

[4] KOU X Y, TAN S T, SZE W S. Modeling complex heterogeneous objects with non-manifold heterogeneous cells[J]. Computer-Aided Design, 2006, 38:457-474.

[5] 吴晓军,刘伟军,王天然,等.距离场定义下异质材料CAD信息建模方法[J].计算机辅助设计与图形学学报,2005,17(2):313-318.

[6] 吴晓军,刘伟军,王天然.基于八叉树的三维网格模型体素化方法[J].工程图学学报,2005(4):1-7.

[7] HUANG J, FADEL G M, BLOUIN V Y, at al. Bi-objective optimization design of functionally gradient materials[J]. Materials & Design, 2002, 23: 657-666.

[8] HU Y, BLOUIN V Y, FADEL G M. Design for manufacturing of 3D heterogeneous objects with processing time consideration[J]. Journal of Mechanical Design, 2008, 130(3):1-8.

[9] SIU Y K, TAN S T. 'Source-based' heterogeneous solid modeling[J]. Computer-Aided Design, 2002,34:41-55.

[10] KOU X Y, TAN S T. Heterogeneous object modeling: a review[J]. Computer-Aided Design, 2007,39:284-301.

[11] YANG P H, QIAN X P. A B-spline-based approach to heterogeneous objects design and analysis[J]. Computer-Aided Design, 2007,39:95-111.

[12] JACKSON T R, LIU H, PATIKALAKIS N M, et al. Modeling and designing functionally graded material components for fabrication with local composition control[J]. Materials & Design,1999, 20(2-3):63-75.

[13] LI N, YANG J Q, GUO A Q, et al. Triangulation reconstruction for 3D surface based on information model[J]. Cybernetics and Information Technologies,2016,16(6), 27-33.

第 4 章　异质零件的动态建模方法

异质零件静态建模方法主要适用于形态结构和材料分布均呈静态或相对稳定的异质零件。对于那些在不同部位同时有两种或更多种材料分布,并且(或)材料呈非规律分布的异质零件,有效的建模方法尚不多。图 4.1 所示的 CAD 模型中,部分区域的材料既不是均质的也不是按梯度分布的,此类对象称为动态异质零件。这样的异质零件也可以从结构和材料两个角度进行混杂模型的建模,也可以只建立材料模型,结构的改变体现在材料的改变上。本章从材料的角度对异质零件进行建模。目前,对于动态异质零件建模的研究较少,但也已引起一些研究者的关注。对于材料在特定时刻呈动态分布的多相材料零件的设计及其预测目前尚无有效工具。Hu 和 Fadel 等提出了利用时间因素的异质零件建模方法,但该方法不是针对材料分布广义上呈混杂型的多相材料零件提出的,对于较为特殊的材料分布,目前尚缺少建模方法。

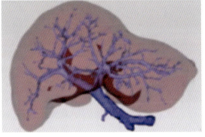

图 4.1　复杂异质零件及 CAD 模型

本章给出的是一种基于第 3 章静态模型基础上的动态模型,零件的材料可按照变化属性呈现动态分布和改变。基于特征节点建立离散混杂变化的模型,使用混杂微四面体设计异质零件,建立的模型可直接用于 3D 打印工艺制造零件。

4.1　材料特征描述

1. 异质零件材料模型

将异质零件看作由多种材料组成,每一种材料组分可以认为是一种单一材料。使用材料属性表示模型中某位置处材料的特征及可设计性:

$$T_P = m_P \times r_P \tag{4.1}$$

式中：m_P 代表材料类型矩阵；r_P 为表示材料组分比例的比例矩阵。

$$m_P = \begin{bmatrix} m_1 & m_2 & \cdots & m_n \end{bmatrix}$$

$$r_P = \begin{bmatrix} r_1 \\ r_2 \\ \vdots \\ r_n \end{bmatrix} \tag{4.2}$$

材料属性 T_P 可表示为

$$T_P = \begin{bmatrix} m_1 r_1 & m_2 r_2 & \cdots & m_n r_n \end{bmatrix} \tag{4.3}$$

式中：T_P 是给定加工区域的材料属性；m_i 是材料属性中第 i 种材料组分，n 是材料属性 T_P 中材料组分的个数。

在真实加工过程中，可以使一类材料对应一个喷嘴，这样可以避免加工时由于需要更换材料而引起的清洗过程，提高零件快速成形速度。比如，m_1 对应第一个喷嘴。

2. 异质零件功能模型

异质零件模型建立主要包含两大要素：①功能结构变化特征 S；②材料变化特征 $f(d)$。其中，$f(d)$ 用来评估实体零件某点/区域的材料属性，该材料属性的计算随功能结构变化特征 S 的变化而变化。

图 4.2 所示为梯度功能材料类型，其类型分别为一维梯度变化的平面、二维梯度变化的规则柱面、三维梯度变化的三维体。

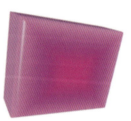

（a）一维梯度变化的平面　　（b）二维梯度变化的规则柱面　　（c）三维梯度变化的三维体

图 4.2　梯度功能材料类型

一维梯度变化是指沿着一个方向变化；二维梯度变化即沿着两个方向变化；三维梯度变化则更加复杂，指沿着三个方向变化。材料从一种材料组分（起始材料）向另外一种材料组分（结束材料）过渡，过渡规则遵循材料变化函数，记为 $f(d)$，假设起始材料矩阵和结束材料矩阵分别记为 T_s、T_e，零件内部任一节点 P 的材料属性记为 T_P，d 为节点 P 到参考节点的欧氏距离，梯度功能函数 $f(d)$ 的表现形式可以有如下几种。

（1）线性函数：

$$f(d) = a\left(\frac{d}{D}\right) + b \tag{4.4}$$

(2) 非线性函数：
$$f(d)=a\left(\frac{d}{D}\right)^2+b\left(\frac{d}{D}\right)+c \tag{4.5}$$

(3) 弦函数：
$$f(d)=a\sin\left(\frac{d}{D}\right)+b \tag{4.6}$$

上面三个式子中，D 为起始材料端到结束材料端总的距离；a、b、c 都是常系数。

4.2 体素表示法

基于体素的分解算法是一类规则的离散单元表示方法。体素，又称为细胞或离散单元，通俗地讲，它是三维空间中具有微小尺寸的正方体。三维空间中任意一个实体零件，无论其表面多么复杂，都可以采用体素法按照一定的规律将其分解成一系列规格相同、大小同等的立方体，如图 4.3 所示。用这些立方体近似表示零件表面及其内部的几何属性，再将材料属性赋予每个立方体，就可以实现多材料实体零件的可视化。

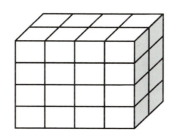

图 4.3　体素表示实例

体素法主要采用一系列规则的离散单元近似表示实体零件表面，该方法过度简化了实体零件的表面精度，成为其发展和应用的瓶颈。由于体素法是一种近似的实体零件表面离散表示方法，离散结果导致零件真实表面上一些几何信息丢失，该方法不能保证实体零件表面的平滑特性及其表面精度。此外，采用该方法表示实体零件表面时，表示精度与离散单元的个数以及离散单元的几何尺寸有关，通常需要大量的离散单元才能够在一定程度上确保实体零件表面几何属性的精度，因此，该方法对计算机的性能有较高的要求，并且需要较大的内存空间进行数据存储。

1. 实体零件模型体素化

采用最能近似表示实体零件表面几何属性的一系列规则的体素表示给定三维实体零件模型，这些体素满足 6-邻接关系或 18-邻接关系或 26-邻接关系，这类方法称为实体零件体素化（voxelization）。

三维空间中任意的实体零件(记为OB_m),其实体零件表面以及实体零件内部都可以看作大量的连续空间点组成的集合,因此,可以采用如下方程表示OB_m:

$$f(x,y,z)=\{(x,y,z)|(x,y,z)\in OB_m\} \tag{4.7}$$

采用式(4.7)既可以表示OB_m实体零件表面上点的几何属性,即$f(x,y,z)=r$,也可以表示OB_m实体零件内部点的几何属性,即$f(x,y,z)<r$。其中,r为OB_m表面上的点所具有的属性值。然而,传统的CAD实体零件模型表示方法只能表示实体零件表面上点的几何属性,而不能表示其内部点的几何属性。

三维空间中任意一点(x,y,z),反映在OB_m实体零件模型上是一个具有微小尺寸的立方体,也称为体素。在体素化方法中,集合$[0,1]$包含了所有体素的体素值,其中,"白体素"或者"空体素"的体素值为"0","黑体素"或者"非空体素"的体素值为"1"。

2. 实体表示方法

多材料实体零件体素化后,得到一系列规则排列的体素单元,此时,多材料实体零件的几何属性已经得以表达。之后,对每一个体素赋予相应的材料属性,使得多材料实体零件的材料属性得以表达。任意一个包含几何属性和材料属性的体素都可以记为

$$V_h=(V,m)$$

式中:V_h为包含几何属性和材料属性的体素;V为包含几何属性的体素;m为赋予体素的材料标记,它是一个标量。

多材料实体零件的3D打印成形也是沿着建造方向由低到高逐层完成的。多材料实体零件体素化后,每层切片都包含多个体素,因此,每层切片的建造过程实际上是多个体素的建造过程。相应地,层与当前层上体素以及多材料实体零件之间的关系为

$$OB_m=\bigcup_{i=1}^{n}L_i, \quad L_i=\{V_j,m_j\} \tag{4.8}$$

式中:m_j表示当前层体素V_j所对应的材料,总共n层。

4.3 实体与材料的映射

一般零件的几何属性和材料属性设计应用于异质零件的设计阶段,难以应用于异质零件的制造过程。对于3D打印成形系统而言,在异质零件制造过程中,当前成形区域的材料属性在切片模型里要进行关联,在制造时可按关联的材料模型进行制造。基于以上考虑,本章提出基于零件材料映射索引的多材料异质零件表示方法,一种面向制造的同时又包含多材料异质零件几何属性和材料属性的数据格式,最终得到一种能够同时表示零件几何属性和材料属性的3D打印成形数据

文件。

1. 实体材料映射

异质零件 CAD 模型的材料空间描述可以使用基于微四面体的建模方法。通过建立与三维结构空间相对应的三维材料空间映射函数，即在结构特征的基础上，分别将材料特征赋予微四面体单元内的各顶点，微四面体内的微细材料分布按照该映射函数来确定，为确定异质零件 CAD 模型的内外表面和零件内部的结构信息和材料信息奠定基础。

异质零件的建模空间可由 $E^3 \times E^k$ 来表示，其中 E^3 表示三维结构空间，E^k 表示 k 维材料空间，k 表示异质零件所含的材料种类 ($k \geqslant 1$)，两者的对应关系如图 4.4 所示。图 4.4(a) 中，A 表示本体材料表征区域，B、E 表示与本体材料有梯度渗透关系的材料分布区域，D 表示多相混合材料且与本体材料互有梯度渗透关系的区域，C 表示嵌入式材料分布区域，其中 B（除本体材料外）和 C 为同一种材料；图 4.4(b) 中的 m_1、m_2、m_3 等为该异质零件所含的材料，α_1、α_2、α_3 为图 4.4(a) 中 D 区域的多相混合材料在各个材料种类上的分量。

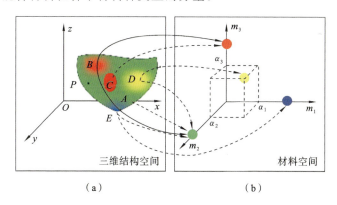

图 4.4　异质零件三维结构空间与材料空间对应关系

图 4.4 所示的异质零件结构空间与材料空间的映射关系为

$$\begin{cases} P = (P_g, P_m) \\ P_g = (x, y, z) \in E^3 \\ P_m = (\alpha_1, \alpha_2, \cdots, \alpha_k) \quad (0 \leqslant \alpha_i \leqslant 1, \sum_{i=1}^{k} \alpha_i = 1, 1 \leqslant i \leqslant k) \end{cases} \quad (4.9)$$

式中：P_g 是位于异质零件几何域 Ω_g 中的任一空间几何点坐标信息（Ω_g 为 E^3 的子空间），P_m 是位于异质零件材料域 Ω_m 的材料信息（Ω_m 为 E^k 的子空间），参数 α_i 表示该点处共 k 种材料中的第 i 种材料所占的材料分量（或称权重系数），$\alpha_i = 0$ 表示该点不含该种材料，$\alpha_i = 1$ 表示该点有且只有该种材料。

材料域是建立在几何域基础之上的，异质零件任一点均是几何信息和材料信

息的结合点,因此,建模时也应遵循该规则建立几何数据和材料分布数据的映射关系,两者之间的关系为

$$\begin{cases} F:\Omega_g \rightarrow \Omega_m \\ F(P_g) = P_m \\ \forall P_g \in \Omega_g \subset \boldsymbol{E}^3 \\ \forall P_m \in \Omega_m \subset \boldsymbol{E}^k \end{cases} \quad (4.10)$$

鉴于异质零件的材料分布极其复杂,且没有规律,因此,通过一个或一组分布函数来统一描述所有的异质零件的材料分布显然是极其困难的。为此,本书采用基于 STL 均匀面片和数据点云相结合的方式,把整个异质零件的材料设计离散成每个微四面体的材料设计,通过定义点云中的各个点(也即微三棱锥的顶点)的材料分布来实现异质零件的材料设计。

2. 实体多材料属性表示方法

基于前文所述的实体材料映射方法可以表示实体的多材料属性。假设多材料实体 OB_m 包含多个子实体 OB_i,它们的材料空间和几何空间分别记为 M_i 和 G_i,假设实体几何空间 G 和材料空间 M 存在如下的映射:

$$F:M = \{M_1, M_2, \cdots, M_n\} \rightarrow \{G_1, G_2, \cdots, G_n\} = G$$

则有
$$OB_i = \{G_i, M_i\}, \quad G = \bigcup_{i=1}^{n} G_i$$

故而,多材料实体 OB_m 可以表示为

$$OB_m = \{G, M\} = \{\{G_1, M_1\}, \{G_2, M_2\}, \cdots, \{G_n, M_n\}\} = \{OB_1, OB_2, \cdots, OB_n\} \quad (4.11)$$

表达式(4.11)即包含了多材料实体的几何属性和材料属性。图 4.5 举例说明了上述多材料实体表达式。在图 4.5 中,假定圆柱体包含了 6 种不同的材料,记该圆柱体为 OB_m,它可以描述为

$$\begin{aligned} OB_m &= \{OB_1, OB_2, OB_3, OB_4, OB_5, OB_6\} \\ &= \{\{G_1, M_1\}, \{G_2, M_2\}, \{G_3, M_3\}, \{G_4, M_4\}, \{G_5, M_5\}, \{G_6, M_6\}\} \quad (4.12) \end{aligned}$$

3. 切片材料属性表示方法

根据上述映射理论,二维切片的几何属性和材料属性之间也存在一定的映射关系,依据这种关系,二维切片的多材料属性得以表达。为了高效率进行材料分配和零件制造,可以把切片后的平面进行分区,把相同材料、相近材料进行分区。记多材料实体为 $O(M)$,每层切片为 $S_i(M_{i,k})$,切片上每一个材料区域为 $R_i(M_j)$,它们之间的关系为

$$\begin{aligned} O(M) &= \{S_1(M_1, M_2, \cdots, M_k), S_2(M_1, M_2, \cdots, M_k), \cdots, S_n(M_1, M_2, \cdots, M_k)\} \\ S_i(M_k) &= \{R_1(M_1), R_2(M_1), \cdots, R_n(M_1), R_1(M_2), R_2(M_2), \cdots, \\ &\quad R_n(M_2), \cdots, R_1(M_n), R_2(M_n), \cdots, R_n(M_n)\} \quad (4.13) \end{aligned}$$

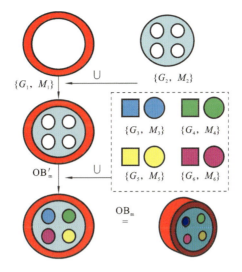

图 4.5 多材料实体表示实例

多材料实体 $O(M)$ 需要在 3D 打印机上逐层切片进行添加制造,而每层切片 $S_i(M_k)$ 都可能有多个不同的材料区域 $R_i(M_j)$,这些材料区域可能表现出同质或异质的材料属性。每个不同的材料区域可能具有复杂的几何边界,也可以称为材料边界 $B_{SMi}(M_j)$,材料边界又可以分为外材料边界 OB_{SMjk} 和内材料边界 IB_{SMjk},则切片材料区域可以用内外材料边界表示为

$$R_j(M_j) = \{E, E_1, \cdots, E_n\} \quad (4.14)$$

其中,对于任意的一个切片材料区域,E 有且只有一个,而 E_n 可以没有或者有多个。

图 4.6 所示为一材料区域划分实例。图中,材料区域 E_1 的材料为 M_1,它的外材料边

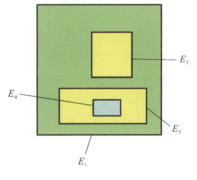

图 4.6 材料区域划分

界为 E_1,内材料边界为 E_2 和 E_3。E_4 是材料区域 E_2 外材料内界。内外互相对照,对其他材料边界进行类似的分析。进行分区后,先在材料相同区域进行分层,可高效进行分层制造。

4.4 特征节点的提取

在第 3 章细化后的 STL 模型形成的均匀点云数据集构建的含有空间微四面体的新型几何模型基础上,依据该零件的几何特性和材料分布特征,对其进行材料设计。

基于第 3 章的静态模型,在对节点材料赋值过程中,把节点设置为动态类型,赋以初始值,然后再对各特征节点进行材料定义,随后再对节点间的材料进行插值运算。在异质零件的设计和分析过程中,通过对其特征进行控制比仅对其材料分布进行控制要更加有效。在建模过程中,引入了描述各材料物理特征的材料分布特征值、各材料体分量和材料分布向量。

三维异质零件可以通过一维和二维的特征来分层制造,这对材料分布也同样适用。采用"材料切片"概念对三维模型进行材料定义,该材料切片与异质零件模型的 3D 打印加工过程中的物理"切片"可形成对应关系。

下面以图 4.7(a)所示的六齿模型为例,对上述材料建模方法予以说明。假设该模型的外表面和内孔分别为两种纯材料,中间部分为两种材料的过渡区域。图 4.7(b)所示为该三维模型的某一个二维材料切片,节点 P 和 Q 分别为该切片层的两个特征节点,其余黑圆点(除节点 P' 外)均为空间点云数据集映射至该层的二维特征节点。

利用式(3.1),假设节点 P 和 Q 的材料值分别为 $P(1,0,1,0,0,y_1',1,-1,\text{null},\text{null},\text{null},y_2',\text{null},\text{null})$ 和 $Q(0,1,\text{null},-\infty,+\infty,\text{null},\text{null},\text{null},0,x_2',y_2,0,1,-1)$。其中,null 表示该点和相邻节点均无此材料。

按照第 3 章方法对各特征节点依次进行材料定义,即获得如图 4.7(c)所示的切片层内特征节点的材料分布。

由于每个零件的特征节点的数量相对于空间点云数据集而言,只占极小比例,因此,仅根据已定义的特征节点直接进行材料插值计算,获得的整个三维模型的材料分布的精确度将较低。

为提高材料描述的精确度,结合已有的空间点云数据集,选定某一切片层,将空间点云数据集映射至该切片层,即可得到该切片层内的网格映射节点,如图 4.7(d)所示。

图 4.7(e)、(f)所示为网格映射后的材料分布及其渲染图,对比图 4.7(c),可看出网格映射后的材料分布的精确度大为提高。

根据上述各切片层内的材料的定义过程,遍历各切片层,即可完成三维异质零件模型的材料定义。图 4.8(a)所示为图 4.7 中所示切片层的材料二维分布渲染图,图 4.8(b)所示为该模型所含两种材料的三维分布渲染图。

进一步,添加多种材料,图 4.9(a)、(b)所示分别为含有三种和四种材料的异质零件模型渲染图,两者的材料均呈圆周梯度分布;图 4.9(c)所示为含有多种材料的非规则梯度分布;图 4.9(d)所示为含有多种材料的非规则变异分布,齿根部的材料异常(色彩突变),表示该区域材料分布较其他区域有较大改变。

从图 4.9(d)可以看出,特征节点的使用,可以精确定点设计零件的材料分布。

第 4 章 异质零件的动态建模方法

 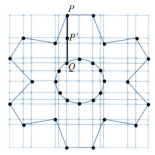

（a）六齿模型　　　　　　　　（b）六齿模型的某一个二维材料切片

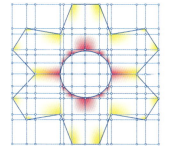 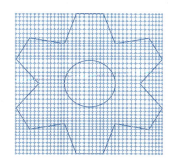

（c）切片层内特征节点材料分布　　（d）空间点云数据集至二维切片层内的映射节点

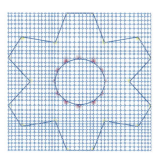 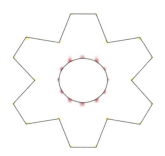

（e）映射后特征节点材料分布　　（f）映射后特征节点材料分布渲染图

图 4.7　材料切片层内特征节点材料定义

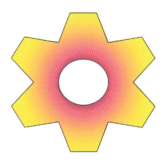 

（a）切片层的材料二维分布渲染图　　（b）三维模型材料分布渲染图

图 4.8　二维切片及三维模型的材料分布渲染图

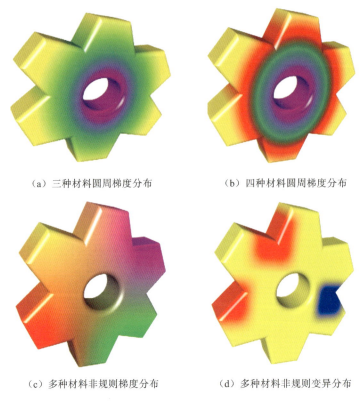

(a) 三种材料圆周梯度分布　　　　(b) 四种材料圆周梯度分布

(c) 多种材料非规则梯度分布　　　　(d) 多种材料非规则变异分布

图 4.9　含有多种材料的六齿模型材料分布渲染图

4.5　材料动态变化设计

对于材料在特定时刻呈动态分布的多相材料零件的设计及其预测目前尚无有效工具。Hu 和 Fadel 等提出了利用时间因素的异质零件建模方法。但已有的方法都不是针对材料分布呈动态型的多相材料零件而提出的，对于此类较为特殊的材料分布零件，目前尚缺少建模方法。此处尝试给出一种基于上述静态型材料节点分布设计的动态型多相材料零件设计方法。在每个节点定义中增加材料分布向量的角度，得动态型多相材料定义：

$$\begin{cases} P=(M_1,M_2,\cdots,M_k,x,x',\alpha,y,y',\beta,z,z',\gamma) \\ \alpha,\beta,\gamma \in [-180°,180°] \end{cases} \quad (4.19)$$

式中：α、β、γ 分别为 x、y、z 三个方向上的材料分布向量 x、y、z 与三个坐标轴之间的夹角，用以表示材料分布的空间变化趋势。

以图 4.10 所示的平面型三种金属材料构成的多相材料片层为例，对该方法予以阐述。

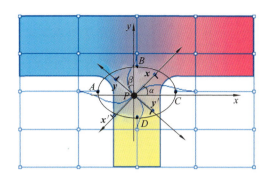

图 4.10　平面型三种金属材料构成的多相材料片层

图 4.10 所示的节点 P 为图 3.6(a)中 P_6 节点在经过位错之后的位置,两位置之间的变化通过 x、y 方向的坐标值来反映,位错会造成材料的分布变化,材料的分布变化可通过 $x,x',\alpha,y,y',\beta,z,z',\gamma$ 等值来表示。图 4.11 所示为 P_6 节点处的材料分布随 α、β、γ 夹角变化而变化的趋势,同时也可看出夹角变化对周围各节点材料分布的影响。

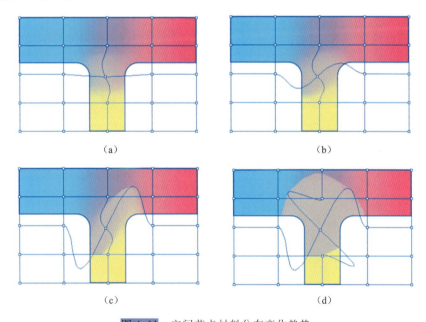

图 4.11　空间节点材料分布变化趋势

式(4.19)中的节点材料分布向量 x、x'、y、y' 和材料分布方向 α、β 对材料的分布起着决定性的作用。当节点 P 的材料分布向量超出相邻 4 个节点的分布向量组成的椭圆区域时,节点 P 的材料分布将在一定程度上影响周围节点的材料分布。

图 4.12 所示的是两种较为极端的情况。图 4.12(a)所示为材料分布向量远

65

超出该椭圆区域时的材料分布模拟图,意味着节点 P 及其周围的材料分布将发生剧烈变化,多种材料将呈非连续性分布,预示着该点周围将出现明显的材料分层界面;图 4.12(b)所示为材料分布角度大于 90°时的模拟图,意味着该点及其周围的材料分布将呈连续性变化但各相材料的分布变化趋势将加剧,且呈非规律分布。

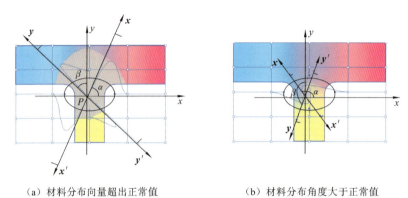

(a) 材料分布向量超出正常值　　　(b) 材料分布角度大于正常值

图 4.12　材料分布模拟

按照材料属性,可把实体离散化为具有不同动态特征的混杂实体,如图 4.13、图 4.14 所示,模型产生渐变和突变的综合特征。

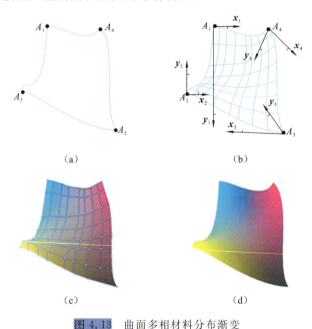

图 4.13　曲面多相材料分布渐变

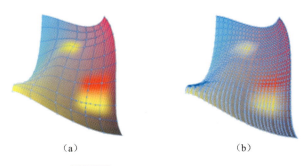

图 4.14　曲面内部材料分布突变

4.6　基于体素的混杂微四面体

在材料赋值的过程中,对实体零件进行分区,有利于确定切片方向。以材料特征点为顶点,建立微四面体,如图 4.15 所示。

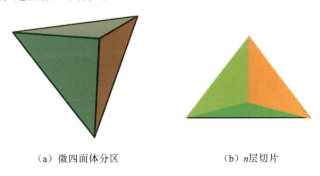

(a) 微四面体分区　　　　　(b) n 层切片

图 4.15　微四面体

在进行切片分层制造的时候,对每一层也建立分区,每一分区内材料相近,可以提高打印效率。按材料建立层内分区的方法称为边缘法。

1. 边缘分区

按照切平面与不同材料分区的交点,形成材料边缘轮廓,图 4.15 所示的微四面体某一层材料分区如图 4.16 所示。

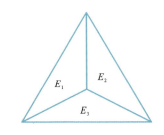

图 4.16　微四面体某一层材料分区

2. 材料区域重构算法实现

按实体材料与某层切片相交的位置,对切片进行分区,包含下面 5 个部分的内容:

(1) 初始化切片轮廓;

(2) 建立切片轮廓拓扑结构;

(3) 得到材料区域数量;

(4) 根据材料区域数初始化材料区域二维轮廓;

(5) 建立材料区域二维分区轮廓。

图 4.17 所示为多种材料分布的异质多齿模型渲染图,图 4.17(a)表示多种材料呈圆周规则梯度分布,图 4.17(b)、(c)、(d)所示为多种材料呈非规则梯度分布的渲染图。

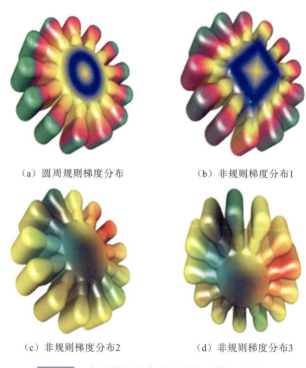

(a) 圆周规则梯度分布　　　　(b) 非规则梯度分布1

(c) 非规则梯度分布2　　　　(d) 非规则梯度分布3

图 4.17　多种材料分布的异质多齿模型渲染图

4.7　动态模型示例

使用混杂微四面体建模方法,对较为典型的异质零件模型——含有病变部位的人工肝脏模型进行设计,并使用 3D 打印制造工艺加工成形,对提出的建模方法进行验证,其设计与加工流程如图 4.18 所示。

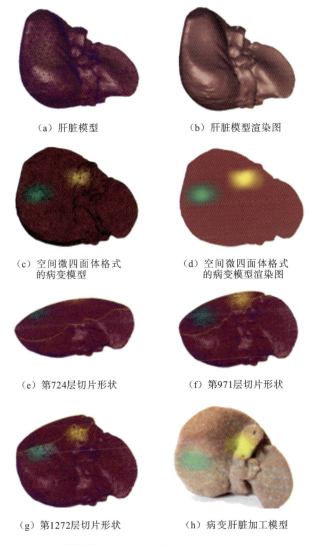

(a) 肝脏模型　　　　　(b) 肝脏模型渲染图

(c) 空间微四面体格式　　(d) 空间微四面体格式
　　的病变模型　　　　　　的病变模型渲染图

(e) 第724层切片形状　　(f) 第971层切片形状

(g) 第1272层切片形状　　(h) 病变肝脏加工模型

图 4.18　病变肝脏模型设计与加工流程

图 4.18(a)所示为根据 CT 数据利用 Materialise 公司的 MIMICS 软件构建的肝脏模型(通用型 STL 格式模型),其为单一均质材料;图 4.18(b)所示为其渲染图。为了清晰、准确地表达某病人病变部位的分布、形状、尺寸等细节信息,采用提出的微四面体空间网格细化方法对病变部位的节点(也即材料特征节点)赋予材料信息,并进行节点与节点间的材料插值运算,从而完成病变肝脏的内外部材料信息表达。空间微四面体格式的病变模型如图 4.18(c)所示,其渲染图如图 4.18(d)所示;利用切片软件对其进行切片分层,如图 4.18(e)、(f)、(g)所示;加工

出的模型如图4.18(h)所示。

4.8 本章小结

基于空间点云数据集的异质零件动态建模方法采用细化 STL 模型和空间微四面体重构的几何建模方法,使用材料特征节点定义及材料切片插值运算的材料描述方法,实现了对异质零件中任意点的结构及其材料信息的表达。本章提出的建模方法以每个特征节点为定义单元,结合有序的拓扑结构,能够表达多种材料的非均质分布情况,以及材料分布突变、断裂等异常情况;另外按照空间点云数据集映射至每个材料切片的方式进行二维切片的材料定义,同时建立材料切片与物理切片的对应关系,对每层切片进行材料分区,该模型为异质零件的 CAD/CAM 一体化奠定了基础。

本章参考文献

[1] 陈玲,杨继全. 3D打印模型设计及应用[M]. 南京:南京师范大学出版社,2016.

[2] 冯春梅,杨继全,施建平. 3D打印成型工艺及技术[M]. 南京:南京师范大学出版社,2016.

[3] LI N, YANG J Q, FENG C M, et al. Digital microdroplet ejection technology-based heterogeneous objects prototyping[J]. International Journal of Biomedical Imaging, 2016(4):1-7.

[4] YANG J Q, ZHU Y F, LI J B, et al. Point cloud based dynamic representation for heterogeneous objects[J]. China Mechanical Engineering, 2012, 23(20):2453-2458.

[5] LI J B, YANG J Q, SHI J P. Point clouds based dynamical representation for heterogeneous objects[J]. Advanced Materials Research, 2012, 476-478:1291-1296.

[6] ZHU Y F, YANG J Q, WANG C M. Integration design and manufacturing of heterogeneous objects[J]. Mechanical Design, 2012, 29(6):10-15.

[7] SHI J P, ZHU L Y, LI Z G, et al. A design and fabrication method for a heterogeneous model of 3D bio-printing[J]. IEEE Access, 2017, 7(5):5347-5353.

[8] QIAN X P, DUTTA D. Physics-based modeling for heterogeneous objects[J]. ASME Transactions: Journal of Mechanical Design, 2003, 125:

416-427.
[9] HU Y, BLOUIN V Y, FADEL G M. Design for manufacturing of 3D heterogeneous objects with processing time considerations[J]. ASME Journal of Mechanical Design, 2008, 130(3):1-9.
[10] 陈川, 周耕, 卢川, 等. 三维打印快速仿形技术在介入医学领域的应用价值[J]. 介入放射学杂志, 2016, 25(8): 734-737.
[11] 孙水发, 李娜, 董方敏, 等. 3D打印逆向建模技术及应用[M]. 南京: 南京师范大学出版社, 2016.

第 5 章　异质零件模型设计可视化

面向增材制造的异质零件模型可视化是其 CAD 模型表达及处理的重要手段。可视化交互便于设计和制造环节的材料映射和模型快速生成，使得模型设计更便捷高效。本书提出基于彩色四面体模型及色彩映射材料函数的模型可视化方法。该模型既可用于彩色 3D 打印，也可用于多材料 3D 打印。可视化设计的第一步是对零件进行离散化处理，然后进行色彩与材料映射，最后构造出以色彩表示异质材料的 CAD 模型。

5.1　实体离散

可视化的第一步是把设计对象看作由体素单元构成，然后进行实体离散化。离散过程是设计和实现对象的材料实体分区可视化的基础。离散化方法包含以下三个关键步骤。

（1）异质零件按照线性一维梯度关系进行离散。

一维梯度关系离散即实体沿一维方向离散，以一维变化方向为轴得到实体分区并进行切片。经过该步骤，软件系统得到与实体相关的一系列切片轮廓，如图 5.1(b)所示。

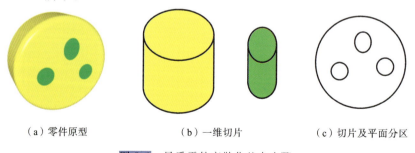

(a) 零件原型　　　　　(b) 一维切片　　　　(c) 切片及平面分区

图 5.1　异质零件离散化基本步骤

（2）平面分区。

平面一维梯度关系离散即切片轮廓在平面内沿一维方向离散，经过这一步骤，软件系统得到一系列平行扫描线与切片轮廓的交点，切片及平面分区如图 5.1(c)所示。

（3）三维体绘制。

在以上两步的基础上采用某特定规则的体素根据需要填充实体表面和内部，

如图 5.2 所示。

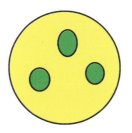

图 5.2　三维体绘制实例

图 5.3 所示的是对一个三维模型进行离散,不同精度和体素(1 mm×1 mm× 1 mm 和 0.5 mm×0.5 mm×0.5 mm)下的非规则实体离散结果。

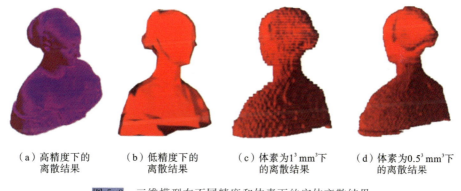

（a）高精度下的离散结果　（b）低精度下的离散结果　（c）体素为1^3 mm^{3}下的离散结果　（d）体素为0.5^3 mm^{3}下的离散结果

图 5.3　三维模型在不同精度和体素下的实体离散结果

5.2　彩色文件格式

这里以 3DP 工艺为主要对象研究异质零件 3D 打印技术,3DP 工艺往往采用印刷四分色(CMYK)格式的彩色文件作为打印对象。CMYK 文件与计算机显示所用的三原色(RGB)文件可进行转换。用色彩代表材料做模型的时候,可以使用几种格式。彩色图像在 RGB 色彩模式下是一个个像素点,当彩色图像由 RGB 色彩模式转换为 CMYK 色彩模式后,RGB 色彩模式下的每一个像素点转变成对应 CMYK 色彩模式下打印喷头可识别的一个数据信息块,就是将一个像素点转换成为一个 $N×N$ 的点阵,如图 5.4 所示。CMYK 色彩模式数据信息通过光栅图像处理器(RIP)技术转换成打印喷头可以识别的控制数据信号,根据接收到的信号,打印喷头喷出带有对应颜色的黏结剂,或者映射的不同材料。在一层二维截面黏结切割成形完毕后,打印喷头回到原点,工作平台沿 z 轴向下降设定距离,然后逐层喷射黏结成形,最终得到彩色三维制件。

目前应用于 3D 打印的彩色文件格式有 CMYK、PLY、VRML97 以及 STL 模

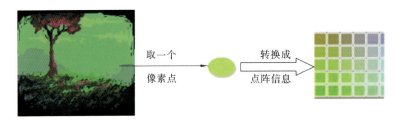

图 5.4　像素点转换成点阵的过程

型的改进格式等。在已有的彩色模型的基础上,切片过程也需要对应映射的彩色(材料)切片算法。

5.2.1　彩色 PLY 文件

图 5.5 所示为三维模型编辑显示软件 MeshLab 显示的一个 PLY 模型文件,该文件就是通过三维扫描得到的彩色三维人像。PLY 格式文件的存储方式简单,适合彩色模型。

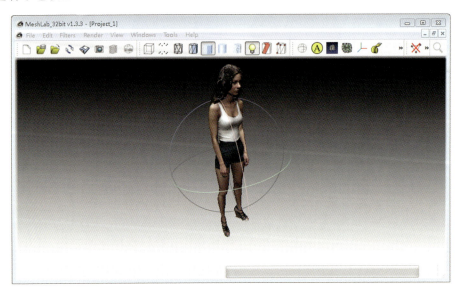

图 5.5　MeshLab 显示的一个 PLY 模型文件

PLY 文件是一种用于存储多边立体模型的文件格式,主要提供了一个结构较为简单、程序容易实现,且可以广泛应用于多数常见模型的文件封装格式。该文件格式包含两种形式——ASCII 和二进制形式,易于对数据进行改写、压缩存储,并可以实现快速的保存和加载。该格式可以在以图形为对象的程序之间进行转换,同时这种简单灵活的文件格式可以让使用者避免重复研究文件格式,节约开发的时间成本。

一个 PLY 文件包括对特定对象的描述，特定对象可以是设计的三维数字模型、建模数据、地形数据和辐射模型。对象属性包括颜色、表面、面向量、纹理坐标、透明度、确定的数据以及多边形正反面的不同属性。

PLY 格式并不仅仅是一种普通的场景描述语言、着色语言或模型格式，它还包括变换矩阵、对象实例化、建模分层结构或对象的子部分。

1. PLY 彩色模型数据结构

一个典型的 PLY 对象文件定义在 (x,y,z) 三维空间中，由顶点的列表和顶点的索引描述构成的三角面片组成。大多数 PLY 文件包含的核心信息是顶点和面这两个"元素"，但在一个 PLY 文件中大部分数据内容都是元素的列表。在给定的 PLY 文件中的每个元素都有固定数目的指定"属性"。PLY 文件中的两个核心元素主要描述的是在 (x,y,z) 三维空间中的顶点信息和每个面的顶点索引。在 PLY 文件中除了这两项信息之外，还可以创建新属性附加到其中一项信息后面。例如，颜色属性红色、绿色和蓝色可以与顶点元素相关联。新的属性被添加后，旧的文件数据不会发生变化。程序不能识别的属性会被忽略。在此之外，还可以创建新的元素类型并定义与该元素相关联的属性，这种新的元素可以是边缘、细胞（点到面的列表）或者材料（漫反射和镜面颜色与系数）。

一个典型的 PLY 文件的结构如表 5.1 所示。

表 5.1 一个典型的 PLY 文件的结构

PLY 文件结构	示例	格式识别
头文件	format ascii 1.0 format binary_little_endian 1.0 format binary_big_endian 1.0	版本信息
	element \<element name\> \<number in file\> property \<data_type\> \<property name 1\> property \<data_type\> \<property name 2\> property \<data_type\> \<property name 3\>	描述元素及属性
	end_header	结尾
顶点列表、面列表	—	—
（其他元素的列表）	—	—

一个带颜色信息的 PLY 文件如下所示：

```
ply                              //文件说明
format ascii 1.0                 //ascii,格式版本
comment author: anonymous        //注释关键词说明，像其他行一样
comment object: a name           //定义一个名字
```

```
element vertex 8                         //定义为"vertex"(顶点)的元素,
                                           在文件中有 8 个
property float32 x                       //顶点包含浮点坐标 x
property float32 y                       //y 也是坐标
property float32 z                       //z 也是坐标
property red uint8                       //顶点颜色开始
property green uint8
property blue uint8
element face 7
property list uint8 int32 vertex index   //每个面片的顶点数
element edge 5                           //该模型里含有 5 条边
property int32 vertex 1                  //第一个顶点的索引
property int32 vertex 2                  //第二个顶点的索引
property uint8 red                       //从边的颜色开始
property uint8 green
property uint8 blue
end header                               //头文件结束
0  0  0  255  0  0                       //顶点列表开始
...
1  1  0  0  0  255
3  0  1  2                               //面片列表开始(从一个三角形开始)
...
4  3  7  4  0
0  1  255  255  255                      //边列表开始(从白边开始)
...
3  0  255  255  255
2  0  0  0  0                            //以一条黑线结束
```

2. 彩色映像变换

人的眼睛根据物体的反射光来判定颜色的差异,例如光源照在被观测物体上,光谱中的红光被反射进入人眼,因此人眼可以看到红色。而在喷墨打印中,必须使用减色法来定义颜色,也就是使用 CMYK 输出彩色值的多维表。将光源系统中的色彩(R、G、B)精确地转换为喷墨系统的色彩(C、M、Y、K)是影响喷墨品质的关键因素。以下为 RGB 三维色彩空间转化为 CMYK 四维色彩空间的程序:

```
C= 255 -R;
M= 255 -G;
Y= 255 -B;
K= C< M? C:M;
K= K< Y? K:Y;
C= C-K;
M= M-K;
```

Y= Y-K;

这个转化程序实现的颜色转变称为彩色映像变换。在不同的打印情况下,这种彩色映像变换会使用不同的参照值,例如在草稿打印模式中,部分普通色域的变换处理无法完成精确的数据转换,打印过程中会出现条带或颗粒的现象。这时就需要一个 ICC 文件对彩色映像变换构成的色彩颜色进行校对,根据喷射材质不同进行调整,得到 RGB 与 CMYK 色彩空间的比例转化。

5.2.2 彩色 VRML97 文件

1. 彩色 VRML97 格式

VRML 称为虚拟现实建模语言,于 1994 年被概念化,经历了 1.0、1.0c、1.1 和 2.0 几个版本后,最后于 1997 年 1 月由 ISO 对 VRML2.0 初稿规范书做了细微的修改后推出 VRML97。它是一种基于文本的通用语言,可以用文字来描述可交互的三维世界和对象,还定义了 3D 应用中诸如光源、视点、动画、雾化、材质属性、纹理映射等大多数常见的概念。VRML 的目标之一就是能够简单地将三维模型集成到虚拟环境中,通过几何、颜色和材质等信息将模型构造出来。所以 VRML97 是用来描述互动式三维物体与虚拟世界的界面语言,可用于网际网路与伺服端系统,另外,它也被大量应用于其他领域,如科学上或工业上的模型视觉化、多媒体娱乐效果、太空形体模拟等。由于 VRML97 可存储为 ASCII/UTF-8 码,其成为通用的交换编码格式。

2. VRML97 结构

VRML97 是一种用文字描述虚拟世界的语言,每个文件都以"♯VRML V2.0 utf8"开始,其中"VRML"说明是 VRML 文件;"V2.0"说明文件遵循 VRML 规范 2.0 版本;"utf8"表示文件使用的是支持多种语言的国际 UTF-8 字符集。在 VRML97 文件中,节点是最基本的语法单位,一个 VRML97 文件由许多个节点层层嵌套构成。每个节点包含对三维点、线、面及实体的几何和颜色等描述。不同的形状(shape)由一系列节点构成,这些节点构成一个节点组;而更复杂的形状则由数个节点组构成,所以 VRML97 文件采用一种树状结构来表达模型,如图 5.6 所示。

在 VRML97 中,除了 IndexedFaceSet 方式,还可采用其他的一些方式来保存模型的几何信息。而 IndexedFaceSet 方式是最常用的方式,因为它能保存任何形状模型的信息,并已被广泛用于 CAD 软件中,如 SolidWorks 和 UG 等。

3. 储存颜色信息

在模型表达的过程中,颜色可以作为一种材质属性来增强表达的效果,一方

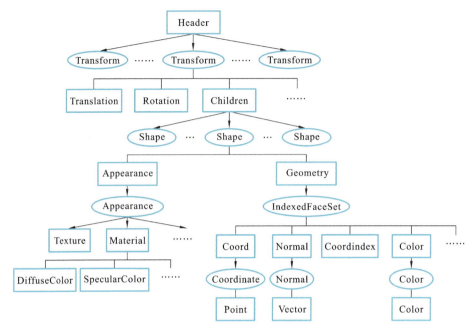

图 5.6　VRML97 树状结构

面可突出模型的材质属性,另一方面还能增强模型的视觉效果。在现存的数据接口中,有几类数据接口可以实现既保存几何类数据,又保存颜色材质类数据。例如,STEP 数据接口是一种用于不同计算机描述的产品模型之间进行数据交换的国际标准,该接口既能保持产品模型的几何类数据,又能保存材质属性这类数据信息。但是这样的 STEP 文件往往太大。另外,由于文件结构方面的特点,从文件中提取几何及颜色数据相当困难;因此,这种数据接口不能便捷地用于快速成形系统中。而 VRML97 因为数据结构简单,所以可以很好地被应用到快速成形系统中。VRML97 通常采用 RGB 形式保存 24 位真彩色,也可用 HSB 模式,现已被广泛地应用于 Web 方面来表达三维物体。

在采用 VRML97 文件格式表达三维模型时,主要有三种定义和保存模型颜色的方式,分别为模型整体上色、模型表面上色和模型表面纹理贴图。下面介绍模型整体上色和模型表面上色。

1) 模型整体上色

这种方式采用 Material 节点为整个模型定义单一的颜色。该节点包括三个域值:EmissiveColor(散射光)、DiffuseColor(漫射光)、SpecularColor(环境光),以打光的方式来定义模型的颜色。域值使用正规化的 RGB 颜色表达,其值为 0.0 到 1.0 范围内的浮点数。图 5.7 所示为 DiffuseColor=(0.75,0.0,0.0)时的模型示例。

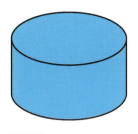

图 5.7　整体上色模型

2) 模型表面上色

在 IndexedFaceSet 节点中包含着一个 Color 子节点,在 Color 子节点中保存着多组 RGB 颜色数据,用来为实体模型的表面添加颜色。因为 Material 节点也能用于表达模型颜色,所以规定当存在两类节点同时表达模型颜色时,以 Color 节点优先。该方式表达模型颜色时存在两种显示方式,由 IndexedFaceSet 节点中的 ColorPerVertex 参数控制,当参数值为 FALSE 时,以面来定义颜色,无渐变效果,整个面为单一颜色,效果如图 5.8(a)所示;当其值为 TRUE 时,以顶点来定义颜色,顶点与顶点之间利用内插法来达到颜色渐变的效果,如图 5.8(b)所示。在 IndexedFaceSet 节点中,还存在一个 ColorIndex 子节点,节点域给出一系列的索引值,根据这些索引值,可以在 Color 子节点中找到各三角面片的颜色数据。

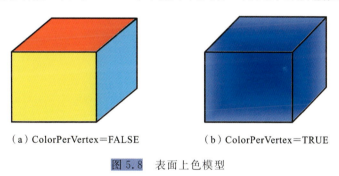

(a) ColorPerVertex=FALSE　　(b) ColorPerVertex=TRUE

图 5.8　表面上色模型

5.2.3　STL 文件的色彩映射

STL 文件格式简单,只能存储三维物体的几何信息,并不支持颜色信息。进行 STL 文件的色彩映射首先要采集图片的颜色信息,将图片颜色信息映射到三维模型上,然后生成相应的 G 代码,发送给下位机。一般经过三个步骤:首先改进 STL 格式使其能够存储三角面片颜色信息;其次根据三维模型的不同颜色区域进行边界划分和区域颜色填充;最后将颜色信息存入改进的 STL 文件中。

STL 文件并不存储颜色数据,为了将颜色信息映射到模型上,解决模型色彩显示的问题,需要采集图片的 RGB 颜色信息,RGB 属于发光配色,是根据颜色发光的原理设计的。在 RGB 模式中,R 代表红(red)光、G 代表绿(green)光、B 代表蓝(blue)光,每种光的亮度取值为 0~255。对这 3 种色彩的亮度值进行调配组合,可产生新的像素颜色,从而形成更多颜色。

以 Bitmap 类型图形为例,首先,使用 Bitmap 类方法绑定需要载入的图像格式文件(bmp)。

定义 Bitmap 后,分别获取图像的像素宽和像素高,以及像素点位置(x,y)的颜色信息。

然后,分析绑定载入的 STL 文件的顶点数据,对 x 坐标和 z 坐标数据进行比较,获得模型中 x 坐标值和 z 坐标值的最大值和最小值,从最大值和最小值的绝对差得到模型宽和模型高,存储计算出的对应像素点颜色数据,再用 OpenGL 库绘制三角面片,同时加入对应的颜色数据。图 5.9 所示为使用载入图像映射,经网格细化后的三维模型的彩色 STL 模型。图 5.9(a)、(b)所示是在传统 STL 模型基础上直接进行色彩重构形成的彩色 STL 模型。图 5.9(c)、(d)表示了单个 STL 面片内的色彩分布(即材料分布)。图 5.9(c)、(d)所示的色彩分布要更为精细。

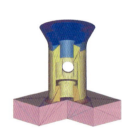   

(a) 传统STL实体模型　　(b) 传统STL模型网格节点　　(c) 12.7 mm细化网格节点　　(d) 5.08 mm细化网格节点

图 5.9　彩色 STL 模型网格细化

5.3　材料设计可视化

5.3.1　材料与颜色的映射

对于细化后的异质实体模型的每个微四面体,可以把其颜色分布看作呈梯度变化的空间体,位于每个微四面体表面处的颜色分布由其所在的三角面片的 3 个顶点的颜色值通过三线性插值平均值法求得(见图 5.10(a));而微四面体内部的颜色分布则由其 4 个节点的颜色值通过如式(5.1)所示的四线性插值平均值法求得(见图 5.10(b))。

第 5 章 异质零件模型设计可视化

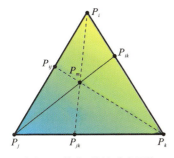
(a)四面体表面颜色分布插值

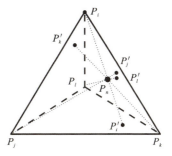
(b)四面体内部颜色分布插值

图 5.10 四面体颜色分布计算

$$\begin{cases} M_{P_n} = \dfrac{1}{4}\Big\{\big[(1-\alpha)M_{P_i}+\alpha M_{P'_i}\big]+\big[(1-\beta)M_{P_j}+\beta M_{P'_j}\big] \\ \qquad +\big[(1-\gamma)M_{P_k}+\gamma M_{P'_k}\big]+\big[(1-\varphi)M_{P_l}+\varphi M_{P'_l}\big]\Big\} \\ \alpha = \dfrac{d(P_i,P_n)}{d(P_i,P_n)+d(P'_i,P_n)} \\ \beta = \dfrac{d(P_j,P_n)}{d(P_j,P_n)+d(P'_j,P_n)} \\ \gamma = \dfrac{d(P_k,P_n)}{d(P_k,P_n)+d(P'_k,P_n)} \\ \varphi = \dfrac{d(P_l,P_n)}{d(P_l,P_n)+d(P'_l,P_n)} \\ 0 \leqslant \alpha \leqslant 1 \\ 0 \leqslant \beta \leqslant 1 \\ 0 \leqslant \gamma \leqslant 1 \\ 0 \leqslant \varphi \leqslant 1 \end{cases} \quad (5.1)$$

式中:$d(\cdot,\cdot)$ 为三角面片内任意两空间点之间的欧氏距离;α 为点 P_i 与点 P'_i 的颜色值之间的线性插值权重;β 为点 P_j 与点 P'_j 的颜色值之间的线性插值权重;γ 为点 P_k 与点 P'_k 的颜色值之间的线性插值权重;φ 为点 P_l 与点 P'_l 的颜色值之间的线性插值权重。插值算法按颜色属性选择插值计算。

5.3.2 梯度功能材料插值算法

1. 一维梯度功能材料属性

具有一维梯度功能材料属性的几何体主要是各类线(线段、曲线等,见图 5.11)。由于本书采用的成形单元为微四面体,因此,这里首先考虑线段的一维梯度功能材料属性。对于线段而言,其材料从起点到终点呈线性梯度变化,可以采用一维线性插值得到线段上任意一点处的材料属性。某点 P 的材料插值算法为

$$m_P = k_3 m_3 + k_2 m_2 + \cdots + k_n m_n \quad (5.2)$$

式中：k_n 是起点和终点距离函数。

图 5.11　线段的一维梯度功能材料属性

2. 二维梯度功能材料属性

具有二维梯度功能材料属性的几何体主要是各类平面，如图 5.12 所示。显而易见，它是由具有一维梯度功能材料特征的线段组成的。

图 5.12　矩形的二维梯度功能材料属性

对于矩形而言，其材料从起始边到终止边呈线性梯度变化，可以采用双线性插值（内插）得到其内部任意一点处的材料属性。

对于梯度功能材料矩形区域，假设起始边为 ab，对应的坐标为 (x_a, y_a, z_a) 和 (x_b, y_b, z_b)，终止边为 cd，对应的坐标为 (x_c, y_c, z_c) 和 (x_d, y_d, z_d)，渐变边 ab 上任意一点 R_1，对应的坐标为 (x_1, y_1, z_1)，渐变边 cd 上任意一点 R_2 对应的坐标为 (x_2, y_2, z_2)，则矩形内部任意一点 $P(x, y, z)$ 的梯度功能材料属性可以用下面的插值公式得到。

x 方向上的一次线性插值：

$$\begin{cases} R_1 = k_1 b + k_2 c \\ R_2 = k_3 a + k_4 d \end{cases} \tag{5.3}$$

y 方向上的二次线性插值：

$$P = k_5 R_1 + k_6 R_2$$

式中：

$$\begin{cases} k_1 = \dfrac{x_c - x}{x_c - x_b}, & k_2 = \dfrac{x - x_b}{x_c - x_b} \\ k_3 = \dfrac{x_d - x}{x_d - x_a}, & k_4 = \dfrac{x - x_a}{x_d - x_a} \\ k_5 = \dfrac{y_2 - y}{y_2 - y_1}, & k_6 = \dfrac{y - y_1}{y_2 - y_1} \end{cases} \tag{5.4}$$

插值结果与插值顺序无关，不论先插值 x 方向还是后插值 x 方向，所得到的矩形内部任意一点的梯度功能材料属性是相同的。

3. 三维梯度功能材料属性

具有三维梯度功能材料属性的几何体主要是各类三维实体，这是梯度功能材料实体表示算法的关键,因为要想加工具有梯度功能材料属性的零件,首先要能够表示具有梯度功能材料属性的三维模型(实体)。

此处主要考虑长方体的三维梯度功能材料属性(见图5.13)。显而易见,它是由具有二维梯度功能材料属性的矩形组成的。并且,可以采用三线性插值的方法得到其内部任意一点处的梯度功能材料属性。

对于梯度功能材料长方体区域,假设下表面 $Q_aQ_bQ_cQ_d$ 上任意一点 P_1 对应的坐标为(x_1, y_1, z_1),上表面上任意一点 P_2 对应的坐标为(x_2, y_2, z_2),则长方体内部任意一点 $S(x, y, z)$ 的梯度功能材料属性可以用下面的插值公式得到:

$$s = k_6 P_1 + k_7 P_2 \tag{5.5}$$

式中:

$$k_6 = \frac{z_2 - z}{z_2 - z_1}, \quad k_7 = \frac{z - z_1}{z_2 - z_1} \tag{5.6}$$

其中,P_1 和 P_2 可以采用双线性插值方法得到。三维梯度功能材料属性插值结果与插值顺序无关。

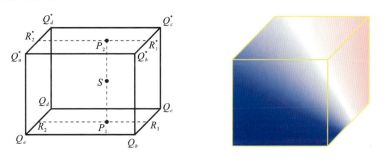

图5.13 长方体的三维梯度功能材料属性

5.4 彩色STL模型材料映射可视化

彩色STL文件用于轮廓的材料赋值。对于内外材料一致的对象,可用第2章介绍的方法直接得到内部材料。

1. STL文件的材料赋值

为了得到平滑曲面,材料的过渡区需要采用具有更高精度的数据模型,所以对模型进行局部细化,既可以提高整体工作效率,又可以提高精度,减少颜色突变和表面的毛糙。

1) 局部细化

进一步对第2章细化模型进行局部细化,如图5.14所示。

2) 建立彩色模型

根据材料数量,选择颜色数量,按第2章介绍的方法进行彩色模型设计。以三原色为例,制作的模型如图5.15所示。

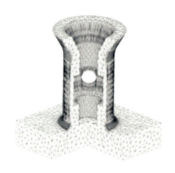 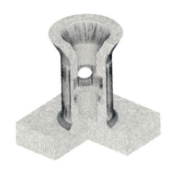

（a）STL细化模型（12.7 mm网格）　　（b）STL细化模型（5.08 mm网格）

图 5.14　实体模型细化

 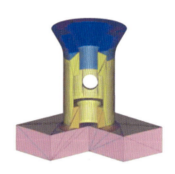

（a）传统STL实体模型　　　　　　（b）彩色STL模型

图 5.15　单色及彩色 STL 实体模型

2. 材料映射

通过建立与三维结构空间相对应的三维材料空间映射函数，即在结构特征的基础上，分别将材料特征赋予三角面片内的各顶点，三角面片内的微细材料分布按照该映射函数来确定，从而为确定异质零件材料 CAD 模型的外表面和实体内部的结构信息和材料信息奠定基础。该映射函数为

$$\begin{cases} P = (P_g, P_m) \\ P_g = (x, y, z) \in \boldsymbol{E}^3 \\ P_m = (\alpha_1, \alpha_2, \cdots, \alpha_k) \quad (0 \leqslant \alpha_i \leqslant 1, \sum_{i=1}^{k} \alpha_i = 1, 1 \leqslant i \leqslant k) \end{cases} \quad (5.7)$$

式中：P_g 是位于异质零件几何域 Ω_g 中的任一空间几何点的坐标信息（Ω_g 为 $\boldsymbol{E}^3$ 的子空间）；P_m 是位于异质零件材料域 Ω_m 的材料信息（Ω_m 为 $\boldsymbol{E}^k$ 的子空间）；参数 α_i 表示该点处共 k 种材料中的第 i 种材料所占的材料分量（或称权重系数），$\alpha_i = 0$ 表示该点不含该种材料，$\alpha_i = 1$ 表示该点有且只有该种材料。

三角面片材料映射过程如图 5.16 所示，首先是三角面片的色彩与材料的映射，如图 5.16（a）、（b）所示，然后是零件材料的确定，如图 5.16（c）、（d）所示。

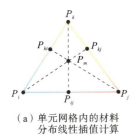 

(a)单元网格内的材料　　(b)单元网格内的材料　　(c)实体材料分布　　(d)实体材料分布
　　分布线性插值计算　　　　分布渲染结果　　　　　　　　　　　　　　渲染结果

图 5.16　外轮廓材料赋值及映射

5.5　彩色微四面体材料映射可视化

1. 微四面体色彩映射

材料域是建立在空间域基础之上的,异质零件任一点均是几何信息和材料信息的结合点,因此,建模时也应遵循该规则建立几何数据和材料分布数据的映射关系,两者之间的关系可由第 4 章给出的式(4.10)表示,先建立微四面体各顶点的材料信息与色彩信息的映射函数,然后创建以彩色 STL 格式文件描述的异质零件 CAD 模型,用于后续的异质零件 CAD 模型设计可视化成形。

2. 特征树的网格自适应细化方法

网格细化方法虽然能够有效地解决异质零件材料的突变分布问题,但这种方法计算量庞大、CPU 占用率极高。上述曲面网格细化方法对简单的异质零件显示似乎并无很大问题,但当显示具有复杂几何形状或材料分布的实体的时候,异质零件的"实时"显示将变得异常困难。通常,异质零件中并非所有待渲染的曲面都包含异质材料。如图 5.17(a)所示,圆柱的端面为异质材料分布,因而需要做额外的网格细化以显示平滑的梯度功能材料变化;而圆柱面因其上所有点均为同一材料,无须网格细化即可达到完全相同的渲染效果。为了实现如图 5.17(c)所示的多分辨率网格细化,采用特征树的网格自适应细化方法。由于异质零件的全部材料分布信息已"编码"至特征树结构中,因而对特征树的拓扑结构进行分析,即可有效地判定待渲染曲面的材料分布特性。具体地讲,若空间某一曲面对应于特征树中的叶节点,则可断定其上的材料为均一分布;若某特征的材料分布由多层特征树表达,则其材料组分变换的依存关系可通过特征树逐层递推而得到。例如图 5.17(a)中的三维异质零件,其材料分布的特征树表达如图 5.17(d)所示,其中圆柱曲面 S 为一叶节点,故可知其上所有材料为均质分布,因而无须进行网格细化即可得到理想的渲染结果;而两端面由于并未包含于特征树的叶节点集合中,故其材料分布包含渐进的梯度变化(即从圆柱中心线 A 到圆柱面 S 的一维梯度变化,如图 5.17(b)所示),因而需要进行额外的网格细化才能准确地显示材料的连续变化。图 5.17(c)显示了基于这一策略的多分辨率曲面细化方法,采用这一方法后,原有的 400 个渲染节点减少为 234 个,待渲染的 700 个三角面片也大幅减少为 368 个。异质零件设计的可视化流程示例如图 5.18 所示。

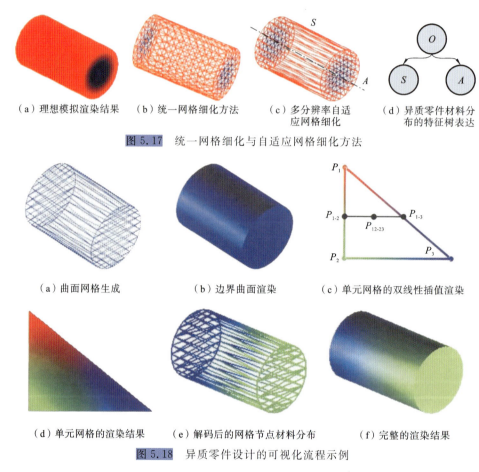

(a)理想模拟渲染结果　(b)统一网格细化方法　(c)多分辨率自适应网格细化　(d)异质零件材料分布的特征树表达

图 5.17　统一网格细化与自适应网格细化方法

(a)曲面网格生成　(b)边界曲面渲染　(c)单元网格的双线性插值渲染

(d)单元网格的渲染结果　(e)解码后的网格节点材料分布　(f)完整的渲染结果

图 5.18　异质零件设计的可视化流程示例

采用多分辨率自适应网格细化和冗余曲面快速滤除方法,对一些复杂的异质零件进行可视化边界渲染及内部材料分布可视化测试,如图 5.19 所示。

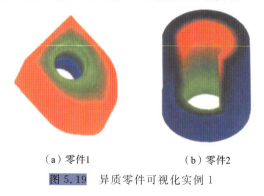

(a)零件1　　　　(b)零件2

图 5.19　异质零件可视化实例 1

图 5.20 所示为具有复杂色彩和材料分布的异质零件在无光照条件下的可视化实例,图 5.21 所示为某异质零件的边界渲染光照效果图。

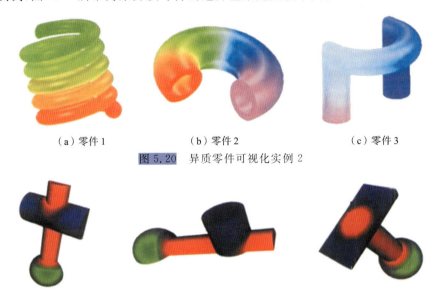

（a）零件 1　　　　　　（b）零件 2　　　　　　（c）零件 3

图 5.20　异质零件可视化实例 2

图 5.21　某异质零件的边界渲染光照效果图

图 5.22 所示为 2 个复杂异质零件的可视化结果及用于可视化的三角网格。由于采用了去冗余曲面方法,如图 5.22(b)、(d)所示,图 5.22(a)中的全部 33 个曲面在滤除操作后,仅有 9 个得以保留并实际参与了下一步的网格生成及自适应网格细化。需要注意的是,图 5.22(b)、(d)中,密集的网格细化仅出现在材料梯

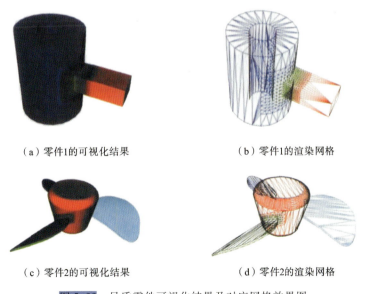

（a）零件1的可视化结果　　　　　　（b）零件1的渲染网格

（c）零件2的可视化结果　　　　　　（d）零件2的渲染网格

图 5.22　异质零件可视化结果及对应网格效果图

度变化的区域中,而在其他材料均一的大部分区域仅生成稀疏的网格。由于采用了这些措施,异质零件的可视化效率得到大幅提高。

5.6 可视化实例

5.6.1 多种材料的异质零件模型

1) 含有多种材料的异质零件模型

含有多种混合材料并具有任意形状的一个实体模型如图 5.23 所示,该实体模型由 2 种材料、3 种材料组分组成,材料组分分别为 E_1、E_2、E_3,则该模型的材料组分矩阵为

$$M = \begin{bmatrix} M_1 \\ M_2 \\ M_3 \end{bmatrix} = \begin{bmatrix} 0.3 & 0.7 \\ 0.2 & 0.8 \\ 0.5 & 0.5 \end{bmatrix}$$

矩阵中的材料组分比例为假定值。以不同的颜色代表不同的材料实现多材料实体模型可视化。

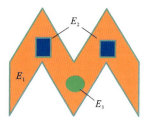

图 5.23 多材料实体模型

2) 车刀模型

图 5.24(a)所示为应用于数控车床的车刀三维模型,它由 4 种不同的材料组成,材料一为 100%碳化硅,材料二为 80%碳化硅和

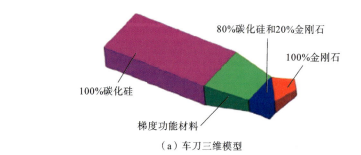

(a) 车刀三维模型

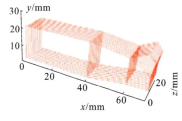

(b) 车刀切片模型

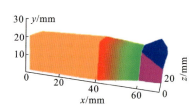

(c) 车刀模型的可视化

图 5.24 含有单一材料和梯度功能材料的车刀模型

20%金刚石,材料三为梯度功能材料,材料四为100%金刚石。

图5.24(b)所示为车刀切片模型,图5.24(c)展示了该车刀模型的可视化,其中不种的单一材料用不同的颜色表示,梯度功能材料按照材料组分梯度变化公式采用渐变色表示。

5.6.2 半球形实体实例

图5.25所示为利用异质零件并行设计与制造方法制作具有两种材质的半球形实物的过程(其模型数据见表5.2)。图5.25(a)所示为该实体的通用STL模型,其STL面较为简略,只有几何信息,而无材料信息。图5.25(c)及图5.25(d)所示为基于细化后的STL模型并赋予其材料信息后的异质零件模型及其渲染图。图5.25(e)和5.25(f)所示分别为该异质零件模型的第50层和第600层(z向)切片。图5.25(g)和图5.25(h)所示分别为异质零件成形系统加工的原型件。

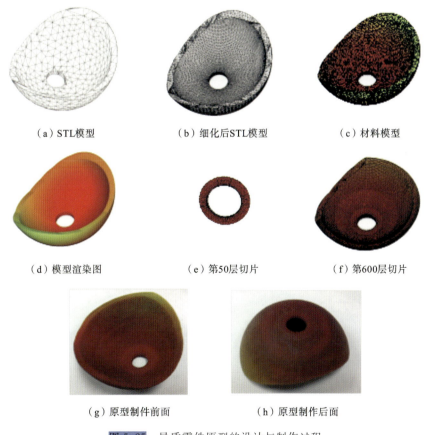

(a) STL模型　　(b) 细化后STL模型　　(c) 材料模型

(d) 模型渲染图　　(e) 第50层切片　　(f) 第600层切片

(g) 原型制件前面　　(h) 原型制作后面

图5.25　异质零件原型的设计与制作过程

表 5.2 异质零件模型数据

项　　目	数　　值
体积/mm³	189810.883
三角面片数量/个	1606
修复后三角面片数量/个	24248
层厚/mm	0.1

此种设计与成形一体化方法把结构设计、材料设计、模型可视化等设计过程融为一体，利用数字化微滴喷射技术和快速成形技术把高分子材料、低熔点合金材料、陶瓷微粒等不同有机和无机物质巧妙结合起来，为快速、精确制造多材料异质零件提供了一种新型模式。

5.7　本章小结

本章主要介绍了一种新的实体非规则离散化方法，包括一维结构离散、二维结构离散和三维结构绘制，给出了详细的数据结构和算法步骤；使用离散单元在材料梯度变化下的材料属性计算方法，可有效合理地计算出不同离散单元本身的材料属性；将材料属性赋予离散单元，实现了多材料异质零件可视化。本章讨论了 PLY、VRML97 格式和 STL 文件的色彩映射方法，对微四面体的色彩映射可视化方法进行了详细的介绍。

本章参考文献

[1] 夏俊,杨继全.彩色三维打印机控制系统的开发[J].南京师范大学学报（工程技术版），2009，9(2)：8-12.

[2] 李静波.异质材料零件的 CAD 建模理论与技术研究[D].南京:南京师范大学,2013.

[3] 占志敏.彩色三维打印成型系统的彩色切片算法开发与实验研究[D].武汉：华中科技大学,2013.

[4] 张争艳.异质多材料零件快速成型关键技术研究[D].武汉:武汉理工大学,2014.

[5] 王璟璇.彩色三维打印成型系统的控制技术研究[D].南京:南京师范大学,2016.

[6] 冯春梅,杨继全,施建平.3D 打印成型工艺及技术[M].南京:南京师范大学出版社,2016.

[7] 徐光柱,何鹏,杨继全,等.开源3D打印技术原理与应用[M].北京:国防工业出版社,2015.

[8] SHI J P,YANG J Q,LI Z A,et al. Design and fabrication of graduated porous Ti-based alloy implants for biomedical applications[J]. Journal of Alloys and Compounds,2017,728(25):1043-1048.

[9] LI N,YANG J Q,GUO A Q,et al. Triangulation reconstruction for 3D surface based on information model[J]. Cybernetics and Information Technologies,2016,16(5):27-33.

[10] LI N,YANG J Q,CHENG J H. Slicing method from data cloud for 3DP based on ray-NURBS[J]. International Journal of Advancements in Computing Technology,2013,5(14):196-202.

[11] KOU X Y,TAN S T. A hierarchical representation for heterogeneous object modeling[J]. Computer-Aided Design,2005,37(3):307-319.

[12] 吴晓军.面向快速成形的异质材料零件三维CAD表达方法与系统[D].沈阳:中国科学院沈阳自动化研究所,2004.

[13] 张争艳,王小平,胡吉全,等.快速成形领域的多材料零件表示算法[J].机械工程学报,2013,49(3):163-173.

[14] CHOI S H,ZHU W K. A dynamic priority-based approach to concurrent toolpath planning for multi-material layered manufacturing[J]. Computer-Aided Design,2010,42(12):1095-1107.

[15] ZHANG Z,CHEN D,HU J,et al. Representation and fabrication method for multiple gradient FGM part based on additive manufacturing[J]. Applied Mechanics and Materials,2013(433-435):2076-2080.

[16] KOU X Y,TAN S T. An interactive CAD environment for heterogeneous object design[C]//Proceedings of 24th Computers and Information in Engineering Conference. New York:ASME,2004(4):201-207.

[17] KOU X Y,TAN S T. Heterogeneous object modeling:a review[J]. Computer-Aided Design,2007,39(4):284-301.

[18] ZHANG X J. An effective design method for components made of a multiphase perfect material[D]. HongKong:the University of HongKong,2004.

[19] ZHU F,CHEN K Z,FENG X A. Converting a CAD model into a manufacturing model for the components made of a multiphase perfect material[C]//Proceedings of the 15th Annual Solid Freeform Fabrication Symposium. Austin:the University of Texas at Austin,2004,532-543.

[20] LI W,MCMAINS S. A GPU-based voxelization approach to 3D minkowski sum computation[C]//Proceedings of the 14th ACM Symposium on Solid

and Physical Modeling. New York:ACM,2010:31-40.

[21] KUMAR V,DUTTA D. An approach to modeling multi-material objects[C]//Proceedings of the 4th ACM Symposium on Solid Modeling and Applications. New York:ACM,1997:336-345.

[22] KUMAR V,DUTTA D. An approach to modeling & representation of heterogeneous objects[J]. Journal of Mechanical Design,1998,120(4):659-667.

[23] KUMAR V,DUTTA D. Solid model creation for materially graded objects[C]//Proceedings of 1997 Solid Freeform Fabrication Symposium. Austin: the University of Texas at Austin,1997:613-620.

[24] SIU Y K. Modeling and prototyping of heterogeneous solid CAD[D]. HongKong:the University of HongKong,2003.

[25] TATA K,FADEL G,BAGCHI N,et al. Efficient slicing for layered manufacturing[J]. Rapid Prototyping Journal,1998,4(4):151-167.

[26] ZENG L,LAI L M L,QI D,et al. Efficient slicing procedure based on adaptive layer depth normal image[J]. Computer-Aided Design,2011,43(12):1577-1586.

[27] WANG J L,HE Y J,TIAN H S. Voxel-based shape analysis and search of mechanical CAD-models[J]. Forschung im Ingenieurwesen,2007,71(3-4):189-195.

[28] KUMAR V,RAJAGOPALAN S,CUTKOSKY M,et al. Representation and processing of heterogeneous objects for solid freeform fabrication[M]//KIMURA F. Geometric modelling:theoretical and computational basis towards advanced CAD applications. Berlin:Springer-Verlag,1998:1-21.

[29] HSIEH H H,CHANG C C,TAI W K,et al. Novel geometrical voxelization approach with application to streamlines[J]. Journal of Computer Science and Technology,2010,25(5):895-904.

[30] KARABASSI E A,PAPAIOANNOU G,THEOHARIS T. A fast depth-buffer-based voxelization algorithm[J]. Journal of Graphics Tools,1999,4(4):5-10.

[31] PASSALIS G,KAKADIARIS I A,THEOHARIS T. Efficient hardware voxelization[C]//Proceedings Computer Graphics International. Washington, D. C. :IEEE,2004:374-377.

[32] DONG Z,CHEN W,BAO H,et al. Real-time voxelization for complex polygonal models[C]//Proceedings of the 12th Pacific Conference on Computer Graphics and Applications. Washington,D. C. :IEEE,2004:43-50.

[33] ZHANG L,CHEN W,EBERT D S,et al. Conservative voxelization[J]. The Visual Computer,2007,23(9-11):783-792.

[34] HUANG J,YAGEL R,FILIPPOV V,et al. An accurate method for voxelizing polygon meshes[C]//Proceedings of the 1998 IEEE Symposium on Volume Visualization. Washington,D. C. :IEEE,1998:119-126.

[35] JONES M W,SATHERLEY R. Voxelisation:modelling for volume graphics[C]//Proceedings of the 2000 Conference on Vision, Modeling, and Visualization (VMV-00). Washington,D. C. :IEEE,2000:319-326.

[36] SCHWARZ M,SEIDEL H P. Fast parallel surface and solid voxelization on GPUs[J]. ACM Transactions on Graphics,2010,29(6):171-179.

[37] SUD A,OTADUY M A,MANOCHA D. Fast 3D distance field computation using graphics hardware[J]. Computer Graphics Forum,2004,23(3):557-566.

[38] OGÁYAR C J,RUEDA A J,SEGURA R J,et al. Fast and simple hardware accelerated voxelizations using simplicial coverings[J]. The Visual Computer,2007,23(8):535-543.

[39] LIU W,HE Y J,ZHOU X H. Voxelizating 3D mesh models with gray levels [J]. Journal of Shanghai Jiaotong University (Science),2009,14(5):513-517.

第 6 章 异质零件 3D 打印的成形材料

多材料 3D 打印是多种材料、结构和功能三者的并行设计与制造,其中,材料是 3D 打印的物质基础和关键要素,也是当前制约 3D 打印发展的瓶颈之一。3D 打印异质零件常见材料分为金属材料、无机非金属材料和有机高分子材料等类别,对于不同类别的成形材料,其设计与制备技术、测试与评价方法各异。本章将在介绍异质材料设计、制备等常规性方法的基础上,列举 4D 打印材料、电工电子材料、生物 3D 打印材料等新型材料的设计、制作及应用。

6.1 3D 打印常用成形材料概述

3D 打印技术的兴起和发展,离不开 3D 打印材料的发展。3D 打印有多种工艺种类,如 SLS、SLA、FDM、DLP 等,3D 打印成形工艺的特殊性决定了不同成形工艺对其材料均有特殊的要求,如 SLS、SLA 工艺要求对某一波段的光比较敏感的光敏树脂,SLS 要求颗粒度较小的粉末,LOM 要求易切割的片材,FDM 要求可熔融的线材,3DP 则不但要求有颗粒度较小的粉末,同时还要求有黏度较高的黏结剂。表 6.1 所示为不同 3D 打印工艺及其可应用的基本材料。

表 6.1 不同 3D 打印工艺及其可应用的基本材料

工艺类型	技 术	基 本 材 料
挤压	熔融沉积(FDM)	热塑性材料、可食用材料
线型材料成形	电子束自由成形制造(EBF)	几乎任何合金
粒状材料成形	直接金属激光烧结(DMLS)	几乎任何合金
	电子束熔化成形(EBM)	钛合金
	激光选区熔化(SLM)	钛合金、钴-铬合金、不锈钢、铝
	激光选区烧结(SLS)	热塑性塑料、金属粉末、陶瓷粉末
	选择性热烧结(SHS)	热塑性粉末
粉末层喷头	石膏 3D 打印(PP)	石膏
层压	分层实体制造(LOM)	纸、金属膜、塑料薄膜
光聚合	立体光固化成形(SLA)	光硬化树脂
	数字光处理(DLP)	光硬化树脂

表 6.1 所列的材料基本都是单一均质类型的成形材料,在多材料 3D 打印中均无法直接单一使用。因此,有必要研究与开发适用于多材料 3D 打印工艺的高性能成形材料。

6.2　3D 打印异质零件材料的设计

材料的不同导致了结构的异形特点,因而可以从材料的角度对异质零件进行设计。材料科学的发展使得材料的制备可以依据零件的功能和目的进行设计。多种类材料组成的异质结构,其设计思想和制作方法是不同的,异质材料主要包括梯度功能材料、复合材料和混杂材料,近年也出现了仿生材料。前三种材料设计的区别如表 6.2 所示。

表 6.2　三种异质材料设计的区别

材料种类	梯度功能材料	复合材料	混杂材料
设计思想	以特殊功能为目标	不同成分的优点复合	分子、原子级水平合金化合物
组织结构尺寸	10 nm~10 mm	0.1 μm~1 mm	0.1 nm~0.1 μm
结合方式	分子间力、物理键、化学键	分子间力	化学键、物理键
微观组织	均质、非均质	非均质	均质、非均质
宏观组织	非均质	均质	均质
功能	梯度化	一致	一致

6.2.1　梯度功能材料设计

梯度功能材料由两种或多种材料复合而成,组分材料的体积分数在空间中呈连续变化,组分材料的过渡呈梯度特性,故它又称为梯度异质材料。

梯度功能材料诞生于 20 世纪 80 年代,是一类按一定的梯度规律将多种不同材料混合而成的新型材料。梯度功能材料的组分和结构呈连续梯度变化,可以充分利用各相组分材料的属性来获得最优的零件性能,并且因材料是连续过渡的而具有较好的热载荷性能和力学性能。比如早期的用于航天工程的陶瓷-金属梯度功能材料就是同时利用了陶瓷的耐熔性和金属的韧性的典型实例。梯度功能材料可以明显改善零件的力学性能,在一些特殊领域有广泛的应用,例如航空器上采用的耐热管、机械工程领域采用的摩擦片等。该类材料的制作方法是将具有明显位相差异的两类材料(例如陶瓷和金属)按一定的梯度混合在一起。

对此类材料进行定义,位置点材料函数为

$$M(P_d) = \sum_{i=1}^{n} m_i f_i(d) \tag{6.1}$$

式中:P_d 为几何位置 d 的材料特征 P 点;m_i 为该点包含的第 i 种材料的描述;n 为材料类型数;$f_i(d)$ 为第 i 种材料的梯度分布函数,$0 \leqslant f_i(d) \leqslant 1$,$f_i(d)$ 根据具体的对象进行设计,可以是均匀或者非均匀变化材料的分布函数。

梯度变化方向随着梯度分布函数维数的增加,产生了多维材料变化的效果,如图 6.1 所示。

(a) 一维梯度　　　　　　　　　　(b) 三维梯度

图 6.1　材料多维梯度变化对象

6.2.2　复合材料设计

复合材料(CM)主要可分为结构复合材料和功能复合材料两大类,如图 6.2 所示。结构复合材料是作为承力结构使用的材料,基本上由能承受载荷的增强体组元与能连接增强体使之成为整体材料同时又起传递力作用的基体组元构成。增强体包括各种玻璃、陶瓷、碳素、高聚物、金属以及天然纤维、织物、晶须、片材和颗粒等,基体则有高聚物(树脂)、金属、陶瓷、玻璃和水泥等。不同的增强体和不同基体即可组成不同的结构复合材料,通常以所用的基体来命名,如高聚物(树脂)基复合材料等。结构复合材料的特点是可根据材料在使用中受力的要求进行组元选材设计,更重要的是还可进行复合结构设计,即增强体排布设计,能合理地满足需要并节约用材。

 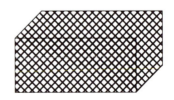

图 6.2　复合材料

功能复合材料是指除能提供力学性能以外还提供其他功能或某些物理性能的复合材料,如提供导电、超导、半导、磁性、压电、阻尼、吸波、透波、摩擦、屏蔽、阻燃、防热、吸声、隔热等功能。功能复合材料主要由功能体、增强体及基体组成。功能体可由一种或一种以上功能材料组成,且多种材料之间由于复合效应还会产生新的功能。基体不仅起到构成整体的作用,而且能产生协同或加强功能的作用。因此,多功能复合材料将是功能复合材料的发展方向。

具有周期性网孔的功能材料也是一种功能复合材料,这种网孔状复合材料结构体是一种理想的异质结构。这类材料由一系列基元单位构成,如图 6.3 所示,每个基元由两部分组成:空位相和材料位相。基元是这种复合材料中的最小单元结构,其排列形式具有周期性规律或者非周期无序性。基元细胞的拓扑结构和材料组分决定了这类材料的性能,改变拓扑结构或者材料组分的性能,材料的性能也将随之发生变化。

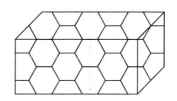

图6.3 具有周期性网孔的功能材料

6.2.3 混杂多相材料设计

混杂多相材料是多类具有不同性能的材料的理想组合,如图 6.4 所示。它可以是上述两类材料(梯度功能材料、复合材料)的任意组合。这类材料具有良好的特殊性能,应用于一些特定方面,例如牙齿、骨骼等人体器官。

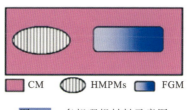

图 6.4 多相理想材料示意图

6.2.4 材料仿生设计

早在 1960 年,美国的 Steele 就提出了以生物的结构和功能原理为技术创新设计的依据,来研制新的机械、开发新技术或解决机械技术难题的仿生学概念。仿生学作为一门综合性交叉学科,打破了生物和机器的界限,将各种不同的系统连通起来,已经在许多科学研究与应用领域发挥了巨大的指导作用。

人们通过大量的研究,已经形成共识,即自然界为高性能异质零件材料的设计提供了重要的可借鉴思路。

（1）生物界基本上都是利用最普通的元素，以最小的能量消耗，在常温常压条件下合成复杂的功能结构。因此，与人造材料相比，构成生物体功能结构的组成材料成分种类一般较少，通常以"简单组成、复杂结构"的精细组合来实现材料的高性能。

（2）在微米至毫米级的介观尺度下，天然生物材料普遍呈现出一定的多孔结构。这一结构特征有效地降低了材料的密度，并赋予其各向异性的力学性能。同时，在不改变材料固有属性的前提下，生物体根据环境需求对材料内部刚性基质的排布方式进行了优化，如螺旋结构和布利冈结构，以尽可能地提升材料主承载方向上的综合力学性能。另一方面，这种各向异性的力学结构，不仅可以优化生物材料的力学性能，还能够引导其做各种定向的变形运动，使材料变得更加智能。

（3）为了解决不同材料之间的连接带来的应力集中效应，生物体往往具有特殊的连接界面，以缓解应力集中效应，提高连接强度。例如，哺乳动物的肌腱端，通过优化复合材料的矿化程度和内部刚性纤维的分布模式，很好地缓解了骨骼与肌肉间的应力集中效应，有效提高了连接强度。

采用传统的减材制造技术（铸造、模塑和机加工等）几乎无法制造这种精细的复合结构。利用自组装的方法，可制备出一定的仿生结构，但很难实现对材料内部微结构单元的精确控制，也很难实现大规模生产。因此，3D打印是目前最有希望将生物材料的这些优势转变为现实的技术手段。

6.3　3D打印异质结构材料

随着制备技术的迅速发展，制备成本下降，开发周期缩短，异质零件应用范围一直在扩大，从切削工具到发动机零部件，从机械工程到电子工程，从光学纤维到人造关节，都出现了异质零件的应用实例。除目前常用的FDM、SLA、LENS、SLM等成形技术外，直接金属沉积（DMD）、超声波固结（UC）、复印固化成形（SGC）等成形技术经过合适的设备调整和工艺规划也可以用于梯度异质零件的制备，每一种成形技术所适用的材料的范围通常是有限的，因此在产品设计阶段即应考虑与组分材料对应的制备工艺的选择。

目前，在学术界和工业界涌现了大量的异质材料制备技术，如化学气相沉积、物理气相沉积、热压烧结、等离子喷涂、电镀、燃烧合成、自蔓延高温合成、离心铸造、受控充模、粉末冶金等技术。这些技术需要对设备和具体制备目标进行分析，并对工艺过程进行控制以免改变材料的分布，且由于受到具体设备的限制而无法制造出任意外形尺寸和材料组成比例的异质零件，因而这些技术的应用受到限制。

在聚合基纳米复合材料中，当聚合物为水凝胶时，其复合材料就是纳米复合水凝胶，通常来讲就是在因吸收大量水而溶胀的交联聚合物网络中含有纳米粒子或者纳米结构的材料。这些存在的纳米粒子可以被用来交联水凝胶,或者依附、吸附在水凝胶中,这一简单复合过程可以赋予水凝胶新的性能。纳米材料可以赋予复合水凝胶许多独特的性能,如力学、光学、磁学、电学、热学等方面的性能。这些独特的性能可以使复合水凝胶应用在电子、传感器、光学、制动器等物理学领域以及生物传感器、药物控制释放、肿瘤药物等生物科技方面。

制备纳米复合水凝胶的方法很多,如原位聚合法、以水凝胶作为反应场所合成纳米材料、多次溶胀收缩吸附纳米复合材料制备复合水凝胶等。纳米复合水凝胶大多应用在药物的远程控制释放、微流体阀门、高效可控多次重复催化剂等方向,具有很大的应用前景。

梯度异质零件的制备技术为实现其功能和应用提供了可能性,是研究梯度异质零件设计、优化、工艺规划等技术和方法的基础。为满足不同性质材料按需精确分配的需求,华中科技大学的舒霞云等提出了一种由多个微滴喷射单元构成的多材料按需微滴喷射系统。该系统的微滴产生模块由用于低黏度流体材料的气动膜片式微滴喷射单元、用于熔融金属流体的压电活塞式微滴喷射单元和用于高黏度流体的机械阀式微滴喷射单元组成;由数字相机、模拟相机和图像采集卡构成的图像采集系统,实现液滴沉积的视觉引导对准定位,以及微滴产生过程的图像采集。利用该系统,进行水基混合物、金属焊料和环氧树脂胶的微滴喷射实验,分析不同黏度对液体微滴喷射过程的影响,实现了金属焊料的微滴喷射,获得了平均直径为 70.5 μm 的焊球及焊球阵列,其直径偏差小于 2%。同时也获得了平均直径为 0.6 mm 的环氧树脂胶点阵列,其直径偏差小于 4%。实验结果表明:该系统可用于包括高黏度环氧树脂胶、金属焊料等在内的多种不同黏度的材料,实现微米级微滴的按需喷射。

6.4 4D 打印材料

4D 打印指的是智能材料结构在 3D 打印基础上,在外界环境激励下随时间实现自身的结构或功能变化。4D 打印材料主要指的是智能材料。智能材料又称机敏结构,在外界环境(如电磁场、温度场、湿度、光、酸碱度等)的刺激下,智能材料可将传感、控制与驱动三种功能集于一身,能够完成相应的反应。智能材料结构能够模仿生物体的自增殖性、自修复性、自诊断性、自学习性和环境适应性。

智能材料分类方式繁多,根据功能及组成成分的不同,大体可以分为电活性聚合物、形状记忆材料、压电材料、电磁流变体、磁致伸缩材料等。智能材料结构在众多领域中有着重要应用,如航空航天飞行器、智能机器人、生物医疗器械、能量回收、结构健康监测、减震降噪等领域。电活性聚合物(electroactive polymer,EAP)材料是一类在电场激励下可以产生大幅度尺寸和形状变化的新柔性材料,是智能材料的一个分支。离子聚合物-金属复合(IPMC)材料、巴基凝胶(bucky gel)和介电弹性(DE)材料是 EAP 的典型代表。

然而,由于智能材料制造工艺的复杂性,传统智能材料制造方法只能制造简单形状的智能材料结构,难以制造复杂形状的智能材料结构,智能材料的传统制备方法严重限制了智能材料结构的发展与应用。3D 打印技术可以制造出任意复杂形状的三维实体,智能材料 3D 打印技术使制造任意复杂形状的智能材料结构成为可能。

6.4.1 IPMC

1) IPMC 材料概述

IPMC 材料是在离子交换膜基体两表面制备出电极而形成的复合材料,在外界电压作用下,材料内部的离子和水分子向电极一侧聚集,导致质量和电荷分布不平衡,从而使材料宏观上产生弯曲变形。由传统方法制备出的 IPMC 材料绝大多数为片状,受传统制备方法的限制,很难制备出复杂形状的 IPMC 材料。

2) IPMC 材料制备

将 Nafion 溶液与酒精和水的混合溶液作为打印 IPMC 基体的前体材料,将银(Ag)微小颗粒与 Nafion 溶液混合液体作为 IPMC 电极材料。

3) IPMC 材料应用

Evan Malone 和 Hod Lipson 在 2006 年首次提出借助 3D 打印技术,制造三层结构和五层结构的 IPMC 智能材料。该研究组通过 3D 打印硅胶材料制备出一个立方体硅胶容器,然后通过喷头逐点累加固化电极-Nafion 基体-电极三层结构。3D 打印制备的硅胶容器作为接下来 3D 打印 IPMC 的支撑,防止喷头喷出的液体在固化之前流动而影响 IPMC 的制备。为了减少溶液的挥发和延长 IPMC 智能材料的使用寿命,Malone 课题组在 3D 打印的三层结构的 IPMC 基础上进行改进,在固化形成的电极外侧打印固化一层由 Hydrin C thermoplastic (Zeon Chemicals L. P.)材料形成的不可被水渗透的低导电性电极保护层。3D 打印制造的五层结构的 IPMC 可以将溶液封存于 IPMC 之中,有效延长了 IPMC 材料的使用寿命。图 6.5 所示为 IPMC 结构示意图及 3D 打印制备的 IPMC。

西安交通大学机械制造系统工程国家重点实验室对 4D 打印技术进行了初步研究。该课题组研究利用 FDM 技术制造 IPMC 智能材料。该课题组还研究利用导电聚合物以及水凝胶与导电颗粒混合体作为 IPMC 电极材料,这两种材料不仅在模量、强度上与 Nafion 材料接近,能够有效提高 IPMC 的使用寿命,而且通过调整这两种材料的流动性可以进行挤出成形,这样 IPMC 的电极材料同样可以通过 3D 打印技术制备。该课题组还进一步研究了形状记忆聚合物(SMP)的 3D 打印

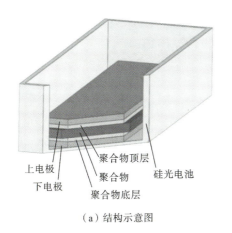 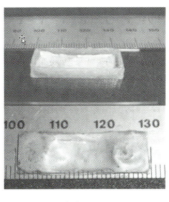

（a）结构示意图　　　　　　　　　　（b）IPMC

图 6.5　IPMC 结构示意图及 3D 打印制备的 IPMC

技术。利用 FDM 技术，SMP 材料在喷头内被加热熔化，喷头将熔化的材料挤出，材料冷却逐点累加固化形成任意形状 SMP 三维实体结构。采用 3D 打印技术制造的 SMP 智能材料结构，具有形状记忆功能，通过调节环境温度，SMP 智能结构可随着时间发生形状结构的变化，实现 SMP 材料的 4D 打印。

尽管采用 3D 打印技术制备出的片状 IPMC 与传统工艺制备出的片状 IPMC 在性能上具有较大差距，但是这种新的 IPMC 智能材料 3D 打印技术为制造复杂形状 IPMC 三维结构奠定了基础，使今后直接制造任意形状 IPMC 智能结构成为可能。

6.4.2　巴基凝胶

1）巴基凝胶概述

巴基凝胶是最新研究发展的一种离子型电活性聚合物智能材料，巴基凝胶的组成和驱动传感原理类似于 IPMC 的。巴基凝胶由三层结构组成，中间基体材料为由聚合物和离子液体构成的电解质层，基体材料两边为由碳纳米管、聚合物和离子液体构成的电极材料，在两侧电极加载电压时，离子液体中的阴阳离子向两个电极移动，引起巴基凝胶的弯曲。

2）巴基凝胶材料制备及应用

传统巴基凝胶的制备常采用溶液铸膜法（solution casting method），分层分别固化电极和基体层，制备出的巴基凝胶大多为片状，难以制备复杂形状的巴基凝胶。Kamamichi 于 2008 年提出用 3D 打印技术制备巴基凝胶，利用 3D 打印技术逐点累加固化电极-基体材料-电极，可以制备任意复杂形状的巴基凝胶。该课题组利用 3D 打印技术制备了手形状的巴基凝胶（见图 6.6），利用 3D 打印技术可以克服传统制备方法的缺陷，制造任意形状的巴基凝胶。

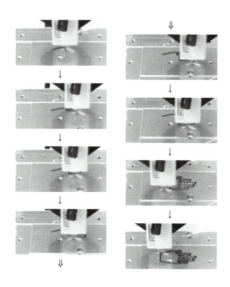

图 6.6　利用 3D 打印技术制造的手形状的巴基凝胶结构

6.4.3　DE 材料

1）DE 材料概述

传统 DE 作动器是在介电弹性膜状材料上下表面涂上柔性电极构成三明治结构。当施加电压 U 时，DE 材料的上下表面由于极化积累了正负电荷 $\pm Q$，正负电荷相互吸引产生静电库仑力，从而在厚度方向上压缩材料而使其厚度变小，平面面积扩张。传统制备方法制备出的 DE 材料大多为薄膜状，难以制备任意复杂形状的 DE 材料结构。

2）DE 材料制备

Rossiter 等在 2009 年首次提出 3D 打印 DE 材料，该课题组将光固化聚丙烯酸材料作为 DE 材料的基体膜材料，利用紫外光固化 3D 打印技术，采用双喷头紫外光固化 3D 打印机，一个喷头逐层打印固化支撑结构，另一个喷头逐点累加喷射液体聚丙烯酸材料，通过紫外光照射固化成形，逐层固化形成三维聚丙烯酸基体材料，之后将支撑去除，在紫外光固化成形的聚丙烯酸基体材料表面涂抹柔性电极材料,形成 DE 材料。

Landgraf 等在 2013 年提出用喷雾打印(aerosol jet printing)3D 打印技术制备 DE 材料,基体材料采用硅胶材料,电极材料采用硅胶与碳纳米管的混合物,通过逐层固化电极-基体-电极的方式实现三明治结构 DE 材料的 3D 打印。该课题组利用超声波或者气压将硅胶液体转变为喷雾状,之后通过喷头将硅胶喷雾喷射到工作平台表面实现硅胶的打印(见图 6.7)。由于选用的硅胶以双组分混合固化,为了防止双组分硅胶在喷头内固化堵塞喷头,该课题组设计了双喷头打印装置,通过两个喷头分别将硅胶两个组分以喷雾形式打印,两个组分在接触之后固化,这样逐点累加固化实现三维结构 DE 材料的 3D 打印制造。

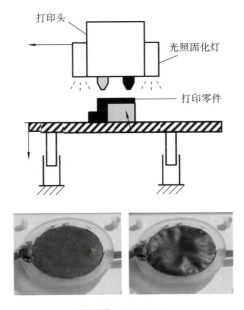

图 6.7 硅胶打印

Shepherd 和 Robinson 在 2013 年提出了用紫外光固化硅胶 3D 打印技术制造 DE 材料,基体材料采用可紫外光固化的硅胶材料,电极材料采用混有炭黑等导电颗粒的水凝胶,通过改变硅胶的黏度来增强硅胶的可打印性,采用 3D 打印技术逐层固化来制造三维结构 DE 材料。采用 3D 打印制备的 DE 材料由于未经过预拉伸,在上下表面施加电压 U 时,DE 材料变形较小,但是这种方法使制造复杂形状 DE 材料成为可能。

Creegan 和 Anderson 在 2014 年提出采用双材料紫外光固化 3D 打印技术对 DE 基体材料和 DE 电极材料同时进行打印,紫外光固化 3D 打印技术通过紫外光束在液体树脂材料表面移动逐点累加固化实现 3D 打印,该课题组提出通过交替固化两种液体树脂材料 A 和 B 实现 AB 双材料紫外光 3D 打印。

DE 材料的 3D 打印技术目前仍处于初步研究发展阶段,尽管目前通过 3D 打印技术制备出的 DE 材料性能与传统方法制备出的 DE 材料性能还有差距,但是 DE 材料 3D 打印技术使今后制造任意复杂形状 DE 智能材料结构成为了可能,解决了传统制备方法无法制备复杂形状 DE 材料结构的难题。

6.4.4 形状记忆材料

形状记忆材料包括形状记忆合金(shape memory alloy,SMA)、形状记忆胶体(shape memory gel,SMG)、形状记忆聚合物(shape memory polymer,SMP)等。形状记忆材料最大的特点是具有形状记忆效应,将其在高温下进行定型,在低温或常温下使其产生塑性变形,当环境温度升至临界温度时,变形消失并恢复到定型的原始状态,这种加热后又恢复的现象称作形状记忆效应。

Carreño-Morelli 等在 2007 年提出形状记忆合金 3D 打印技术,利用有机聚合物将金属粉末黏结在一起,逐点累加固化形成三维立体形状记忆合金结构。在打印过程中,喷头将溶剂喷射到 Ni-Ti 金属粉末和有机胶的混合物上,有机胶与溶剂发生反应将 Ni-Ti 金属粉末黏结到一起,逐点累加固化得到所需三维实体形状记忆合金结构。应用 3D 打印技术制备的形状记忆合金结构的材料密度达到了理论材料密度的 95%,且具有形状记忆效应(见图 6.8)。

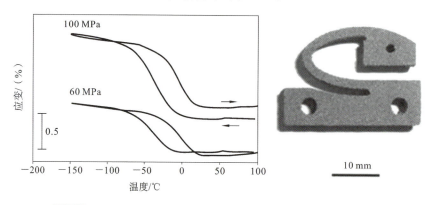

图 6.8　3D 打印技术制备的形状记忆合金结构及其形状记忆效应

Felton 和 Wood 等在 2013 年提出 3D 打印形状记忆聚合物技术,制造具有自组装(self-assembly)、自折叠(self-folding)功能的智能结构。利用 3D 打印技术将形状记忆聚合物逐点累加固化到硬质基板上,打印结束后固化成形的形状记忆聚合物与硬质基板紧密结合成整体平面结构,在光、温度、电流等外界环境激励下,形状记忆聚合物发生体积膨胀或收缩引起整体平面结构变形而形成三维结构。

6.4.5 亲水智能材料

Tibbits 提出的 4D 打印技术的核心是智能材料和多种材料 3D 打印技术。该课题组开发了一种遇水可以发生膨胀(150%)的亲水智能材料,利用 3D 打印技术将硬质的有机聚合物与亲水智能材料同时打印,二者固化结合构成智能结构。4D 打印成形的智能结构在遇水之后,亲水智能材料发生膨胀,带动硬质有机聚合物发生弯曲变形,当硬质有机聚合物遭遇到邻近硬质有机聚合物的阻挡时,弯曲变形完成,智能结构达到了新的稳态形状。该课题组制备了一系列由该 4D 打印技术制造的原型,如 4D 打印出的细线结构遇水之后可以变为"MIT"字样,4D 打印技术制造出的平板遇水之后可以变化为立方体盒子(见图 6.9)。

图 6.9 由 4D 打印技术制造的亲水智能材料和硬质有机聚合物智能结构的变形

4D 打印智能材料将改变过去"机械传动+电动机驱动"的模式。目前的机械结构系统主要是机械传动与驱动的传递方式,未来将走向功能材料的原位驱动模式,不再受机械结构体运动的自由度约束,可以实现连续自由度和刚度可控功能,同时自身重量也会大幅度降低。

不同的适用于 4D 打印技术的智能材料,对不同外界环境激励产生响应,且响应变形的形式具有多样性。目前 4D 打印智能材料的激励方式和变形形式比较局限,Tibbits 等目前正在研究开发可以对振动和声波产生响应的智能材料 4D 打印技术,随着 4D 打印智能材料的多样化,4D 打印技术的应用将更加广泛。

6.5 电工电子材料

印制电子成为近年来兴起的一种先进电子制造技术,其原理是利用传统的丝印、喷墨等手段将导电、介电或半导体性质的材料转移到基板上,从而制造出电子器件与系统。它具有快速、高效和灵活的特点,并能在各种不同材质的基板上形成导电线路和图形,甚至形成整个印制电路板。将 3D 打印技术和印制电子技术结合起来是目前研究的一个热点。

3D 打印技术可以直接成形,简单方便。印制电子技术可以大面积、柔性化制造电路,快速灵活。Zheng、Liu 等人研制出桌面式电子电路 3D 打印机,同时利用液态金属打印具有柔性特性的电子电路。Paulsen 等人则利用 3D 打印喷射技术将导电材料喷射到 3D 模型表面。Malone 等人搭建 Fab 个人打印机打印电子器件。另外,对于复杂电路,人们往往希望能在同一块基材上实现多层电路的打印,可大大节省使用基材的面积,实现电路的小型化。而多层电路涉及交叉处绝缘材料的选择和使用,Kim 等人利用聚己内酯(PCL)作为绝缘层打印交叉电路,Zheng 等人则利用室温硫化硅橡胶材料作为绝缘层。

随着 3D 打印技术以及材料学的迅速发展,新型材料也越来越多,目前有几种典型导电材料在电工电子领域应用比较广泛,下面加以阐述。

6.5.1 银导电墨水

1) 银导电墨水概述

银导电墨水主要分为两类:颗粒型导电墨水和无颗粒型导电墨水。对于颗粒型导电墨水,纳米银颗粒由于容易发生团聚,应用于喷墨打印时经常会堵塞喷头,所以为了防止银颗粒的团聚,往往需要加入高聚物作为分散稳定剂,但是这又增加了银导电膜中非导电性物质的含量,不利于得到高导电性的银膜,而且加入分散稳定剂也不能从根本上解决喷头堵塞的问题。因此,无颗粒型导电墨水开始引起人们的关注。无颗粒型导电墨水主要是将含银的前驱体化合物和一些弱还原剂混合,再加入具有一定黏度、表面张力的调节剂等,最终得到适合打印的导电墨水。为了实现在柔性材料上的打印,需要导电墨水的烧结温度尽可能低,同时还要具有较高的导电性。可选择以柠檬酸银和碳酸银作为混合金属前驱体反应物制备无颗粒导电墨水,使其在不耐高温的柔性基材上也能打印、烧结得到导电性良好的银膜。

2) 银导电墨水制备

40 mL 甲醇、24 mL 异丙醇和 34.4 mL 异丙胺混合后快速搅拌,当搅拌冷却至室温后,依次向其中加入 16 g 柠檬酸银和 1.28 g 碳酸银粉末,继续搅拌直至沉淀全部溶解,然后经 0.45 μm 滤膜过滤,即可得到浅黄色透明的导电墨水。

选用柠檬酸银和碳酸银作为混合金属前驱体,用异丙胺作为络合剂,甲醇作为还原剂,利用异丙醇调节黏度和表面张力,成功制备了无颗粒银导电墨水并对该墨水的性能进行了研究。结果显示,该导电墨水具有良好的导电性,且银氨的络合不仅增加了难溶性银盐的溶解度,且降低了银盐的分解温度,使得该导电墨水可以通过喷墨打印方式打印在不耐高温的塑料基材上,在 130 ℃ 下热处理 10 min 后,方块电阻可低至 0.84 Ω/sq。该墨水有望在电子喷墨打印 PCB 电路领域得到推广应用。

6.5.2 导电聚乳酸复合材料

1) 导电聚乳酸复合材料概述

聚乳酸是由乳酸聚合而成,可完全生物降解的塑料,是完全的绿色生态生物塑料,不消耗化石能源,在医药、医疗、组织工程等领域得到了应用。但是,聚乳酸本身韧度较小,结晶速度较慢,耐热性较低,限制了其在一些领域的应用,因而常需要进行改性和复合。随着塑料工业的迅猛发展,高分子材料的改性和复合技术也日益成熟,开发了多种聚乳酸的改性和复合材料,但适用于3D打印的具有导电特性的聚乳酸复合材料报道不多,下面介绍导电聚乳酸复合材料。

2) 导电聚乳酸复合材料制备

将聚乳酸溶解在质量分数为5%的二氯乙烷中;加入碳纳米管,并搅拌均匀;加入偶联剂,在超声波作用下搅拌0.5~1 h;蒸发二氯乙烷,将剩余物在真空干燥箱中干燥成薄片状,干燥后冷却,粉碎;将粉碎后的产物按设定的配方比例称重,并加入高速混合机中,高速混合1 min;将混合物加入螺杆挤出机中熔融混炼,水槽冷却,拉成直径为(1.75±0.2) mm的丝条,得到导电聚乳酸复合材料组合物。

其中,制备组合物的各组分质量分数范围为:75%~90%的聚乳酸,0.5%~5%的碳纳米管,0.01%~0.05%的偶联剂,1%~5%的相容剂,0.3%~0.6%的抗氧剂,0.1%~5%的增韧剂,0.5%~2%的成核剂,以及0.5%~2%的增塑剂。上述各组分质量分数之和为100%。

3) 导电聚乳酸复合材料测试

导电聚乳酸复合材料的性能如表6.3所示。

表6.3 导电聚乳酸复合材料的性能

性能	对照组	实验组1	实验组2	实验组3
熔体流动速率/(g/10 min)(190 ℃,2.16 kg)	15	17.2	18.6	17.1
成形收缩率/(%)	1.3	1.0	1.0	0.9
简支梁缺口冲击强度/(kJ/m^2)	7.2	21.2	29.3	33.1
抗弯强度/MPa	61	63	62	61
弯曲模量/MPa	3750	3873	3838	3836
抗拉强度/MPa	39	39	38	38
断裂伸长率/(%)	35	121	152	169
热变形温度/℃(0.46 MPa)	83	82	83	82
电阻率/(Ω·cm)	2.2×10^{13}	1.8×10^{5}	3.6×10^{4}	2.7×10^{3}

从表 6.3 可以看出,在聚乳酸中加入碳纳米管(实验组 1)及相容剂(实验组 2)、增韧剂(实验组 3)后,复合材料的导电性和冲击强度大大提高,成形收缩率明显下降,同时复合材料的熔体流动速率高于纯聚乳酸(对照组)的熔体流动速率,而且仍然基本保持了复合材料的抗弯强度、弯曲模量和热变形温度。

4) 导电聚乳酸复合材料应用

这种制备方法制得的复合材料的综合性能大大提高,所制得制品的尺寸稳定性增加,从而有利于提高打印制品的精度。特别重要的是,复合材料的导电性大幅度提高,具有高流动性、快速结晶性和高韧性,且成形收缩率低、打印精度高,适用于熔融沉积 3D 打印快速成形,也适用于对导电要求较高的 3D 打印产品,从而扩大了聚乳酸的应用领域。

6.5.3 石墨烯材料

1) 石墨烯材料概述

2004 年,英国曼彻斯特大学物理学家 Geim 和 Novoselov 首次证明石墨烯可以单独存在,两人在 2010 年获得了诺贝尔物理学奖。在十几年的科学发展中,石墨烯的应用得到了质的飞跃。石墨烯是由碳原子紧密堆积而成的晶体,具有超薄、超轻、超高强度、高的导电导热性和透光性、结构稳定等特点。这些特性使得石墨烯应用在印制电子产品中具有很大的优势。高导电性、良好的稳定性以及纳米片层结构特点都决定了石墨烯可作为优质导电填料应用于导电墨水中,石墨烯墨水很好地解决了传统的碳基墨水导电性差的问题,并且在制作上易与打印机兼容。

2) 石墨烯材料制备

3D 打印用石墨烯材料的制备目前有两种方法:液相剥离法和氧化还原法。

液相剥离法制备石墨烯具有仪器设备简单、原材料便宜易得、液相体系便于形成石墨烯导电墨水等优点。得到的石墨烯片层结构完整,可以很好地保留石墨烯自身的特性。液相剥离法制备石墨烯墨水主要通过溶液剥离和加入表面活性剂分散剥离。剑桥大学的 Torrisi 等使用 N-甲基吡咯烷酮液相剥离石墨烯。但使用 N-甲基吡咯烷酮及松油醇作为溶剂,溶剂沸点高,挥发慢,导致溶剂残留在石墨烯的表面,影响墨水的导电性。Li 等先将石墨粉加入 DMF(二甲基甲酰胺)中剥离成石墨烯,随后加入沸点不同的松油醇蒸馏,使石墨烯集中到低毒性的松油醇中,再加入少量的乙基纤维素,用于稳定石墨烯片层。通过乙醇调节墨水的表面张力和黏度,并将最终制得的石墨烯墨水通过打印机打印到光滑的玻璃基材上。西北大学的 Secor 等在室温下利用乙醇和乙基纤维素剥离石墨烯,得到高浓度纳米尺寸的石墨烯粉末,将该粉末与溶剂混合制成墨水,此方法制作的石墨烯薄膜与溶剂或表面活性剂分散的石墨烯墨水相比,导电性提高了两个数量级。

氧化还原法制备石墨烯具有成本低、周期短、产量大等优点。先用维生素C还原GO(氧化石墨烯)，得到rGO(石墨烯)，然后用Triton-X100(聚乙二醇辛基苯基醚)分散，得到石墨烯墨水，再将其喷印在基材上进行还原，得到石墨烯薄膜。这样可得到还原彻底、导电性能好的石墨烯材料。

3) 石墨烯材料应用

石墨烯具有导电性好和载流子密度低的优点，以其制作的传感器具有较高的灵敏度。将石墨烯制成墨水，再通过喷墨印刷的方法得到的传感器具有优异的性能，如灵敏度高、响应速度快、恢复快速、质量轻等。

超级电容器从储能机理上分为双电层电容器和赝电容器，是一种新型储能装置，它具有功率密度大、充电时间短、使用寿命长、温度特性好、节约能源和绿色环保等特点。由于石墨烯独特的二维结构和出色的固有物理特性，诸如异常好的导电性和大的比表面积，石墨烯基材料在超级电容器中的应用具有极大的潜力。将石墨烯墨水用在超级电容器中，也可以大大提高电容器的性能。

目前，石墨烯墨水也应用在打印薄膜晶体管中。薄膜晶体管是一个带有两层电极材料的四层设备。薄膜晶体管的迁移率和开关电流比是其两个重要的参数：晶体管的迁移率越大，实际运作速度越快；开关电流比越大，所驱动的器件的对比度越好。喷墨打印的方式可以使薄膜晶体管具有较好的分辨率和载流子迁移速率。

6.5.4 高导电石墨烯-聚乳酸复合材料

1) 高导电石墨烯-聚乳酸复合材料概述

导电碳材料如碳纳米管、石墨烯、碳纤维等因质量轻、电导率高、可批量生产等特性成为了近几年来导电复合材料最常用的导电填料。同时，多年的实践证明，导电碳材料也是最有希望过渡到最终工业化应用的导电填料。

2) 材料制备

氧化石墨烯是制备最终高导电石墨烯的中间产物，其制备过程如下。将230 mL浓硫酸(质量分数为98%)倒入烧杯中，烧杯冰水浴15 min，使浓硫酸的温度充分下降至接近0 ℃，与冰水温度保持一致。后将10 g天然鳞片石墨和5 g亚硝酸钠粉末一起慢慢倒入浓硫酸中并持续搅拌30 min。然后极缓慢地加入30 g高锰酸钾粉末以防止溶液升温过快。高锰酸钾加入的过程中应保证溶液的温度不超过20 ℃。在高锰酸钾加入完毕后等待溶液冷却至2 ℃以下，然后移去冰水浴设备，常温下持续搅拌30 min。向溶液中极缓慢地加入去离子水以防止溶液升温，去离子水加入的过程中应保证溶液温度不超过98 ℃。被稀释的溶液再持续搅拌15 min直至溶液温度稳定，然后再用大量的去离子水(1.4 L)稀释。往稀释后的稀溶液中加入100 mL过氧化氢(质量分数为36%)。将溶液静置12 h，宏观的氧化石墨会沉积在容器的底层,除去上层部分溶液,将剩余溶液倒入离心管里离心,转速为 6000～9000 r/min,离心 2～3 次后,将分散液装入透析袋中透析 5～7 d,向透析出的液体中滴入氯化钡,检测 SO_4^{2-},直至没有白色硫酸钡沉淀出现为止。然后将湿的氧化石墨烯离心分离出来,放入冷冻干燥机中进行冷冻干燥,直到产品中的水分全部挥发,即得到灰黑色的干氧化石墨烯粉末。

高导电石墨烯制备过程如下。将 0.5 g 氧化石墨烯放入烧杯中,加入 200 mL 浓硫酸(质量分数为 98%)并超声处理 0.5 h,将超声处理后的分散液放入烧瓶中持续搅拌并水浴维持温度在 60 ℃。待温度稳定后,极缓慢地加入 1.8 g 对碘苯胺和 0.69 g 亚硝酸钠粉末,保持溶液不暴沸。加入完毕后,持续搅拌 1 h。冷却后,用微孔过滤装置对分散液进行过滤洗涤。选用孔径为 0.8 μm 的 PVDF(偏聚二氟乙烯)膜或增强尼龙膜作为滤膜。先用无水乙醇洗涤,再用 DMF 洗涤,直至滤液为无色,后将带有产物的滤膜放入装有无水乙醇的烧杯中进行超声处理,使滤膜上的产物充分脱离,将分散有石墨烯的无水乙醇分散液放入真空干燥箱中于 60 ℃下干燥 24 h,即得到第一步化学还原的黑色石墨烯粉末。之后,取适量粉末放入刚玉舟中,将粉末尽量在刚玉舟中铺开,尽量增大其与空气的接触面积。将刚玉舟封装固定后,放入管式炉的中央加热部分,用氩气做保护,在 1050 ℃下加热 1 h,即得到原位两步还原法制备的高导电石墨烯。

石墨烯-聚乳酸制备过程如下。将聚乳酸的丝料进行切粒,保证切粒后每段的长度不超过 1 cm。取 49 g 聚乳酸粒料放入大烧杯中,倒入 350 mL 二氯甲烷(或三氯甲烷)。先用玻璃棒搅拌,主要目的是将器壁上黏附的聚乳酸刮下来。后用长度为 4 cm 的磁子进行搅拌,持续 3～5 h,至聚乳酸完全溶于二氯甲烷(或三氯甲烷),形成透明的聚乳酸溶液。用电子天平称取 1 g 原位两步还原法制备的石墨烯粉末,在快速搅拌聚乳酸溶液的状态下,分批、缓慢地将石墨烯粉末倒入溶液中,透明的聚乳酸溶液逐渐变为黑色。待石墨烯粉末加入完毕后,再保持恒定转速持续搅拌 30 min。取 5 个直径为 9 cm 的培养皿,将搅拌均匀的石墨烯-聚乳酸溶液分别倒入 5 个培养皿中,将培养皿在通风橱中干燥 1～2 d,待大部分二氯甲烷(或三氯甲烷)溶液挥发后,将培养皿放入真空干燥箱中常温干燥,直至溶剂完全挥发,取出培养皿。此时在培养皿的壁上形成一层黑色的石墨烯-聚乳酸膜,将这层复合物膜手动揭下来,用剪刀简单剪碎后放入小型粉碎机中粉碎 3～5 min,最终形成黑色的石墨烯-聚乳酸粉料。

3)高导电的石墨烯-聚乳酸复合物材料测试

利用 3D 打印机,将二者的复合物打印成标准样条,在万能材料测试机下测量其拉伸性能。我们分别打印了石墨烯质量分数为 8%、6%、4%、2% 的石墨烯-聚乳酸样条,并用纯聚乳酸(石墨烯质量分数为 0%)样条作为对照(见表 6.4)。随着石墨烯含量的增加,复合材料的杨氏模量以及抗张强度都增加,断裂伸长率下降。而纯聚乳酸样条的断裂伸长率可达到 8.79%。值得注意的是,理论上来讲,随着石墨烯含量的增加,复合材料的电导率会增加。但当石墨烯含量达到 8% 时,复合材料会发生脆性断裂,不利于其保持柔性。因此,为平衡复合材料的力学性能和电导率,选用石墨烯质量分数为 6% 的石墨烯-聚乳酸复合材料为原材料打印二维和三维的柔性电路。总体来讲,石墨烯的加入可以增强聚乳酸的力学性能。

力学性能测试中的杨氏模量、拉伸模量、断裂伸长率等参数的结果如表 6.4 所示。

表 6.4 不同石墨烯质量分数的复合材料力学性能测试结果

石墨烯质量分数/(%)	杨氏模量/MPa	拉伸模量/MPa	抗张强度/MPa	断裂伸长率/(%)
8	16.82	2.55	62.0	4.35
6	12.35	1.21	64.0	6.21
4	11.75	1.48	54.2	7.87
2	10.40	1.99	50.7	8.19
0(纯聚乳酸)	9.04	0.04	36.6	8.79

可以看出,在一定的误差范围之内,石墨烯质量分数增加,相应的复合材料的杨氏模量和拉伸模量也上升。

在相同的石墨烯质量分数下,当石墨烯-聚乳酸复合材料制备成不同形状的样品时,其电导率也不一样,如表 6.5 所示。

从表 6.5 中可以看出,任何形状的样品,复合材料的电导率随着石墨烯含量的升高而升高。而重要的是,表中三组圆丝的整体电导率要高于圆片的整体电导率,而三组 3D 打印细丝的整体电导率要高于圆丝的整体电导率。整体的电导率变化呈现出 3D 打印细丝>圆丝>圆片样品的情况。

表 6.5 不同复合材料样品的电导率

石墨烯质量分数/(%)	圆片样品电导率/(S/cm)	圆丝样品电导率/(S/cm)	细丝样品电导率/(S/cm)
8	8.10×10^{-4}	0.36	4.8
6	7.78×10^{-4}	0.13	4.76
2	1.67×10^{-4}	1.10×10^{-3}	0.042

4) 高导电的石墨烯-聚乳酸复合材料应用

将高导电的石墨烯-聚乳酸复合材料用于 3D 打印,所打印的柔性电路拥有良好的导电性能和力学性能,其最高杨氏模量达到 1235 MPa。该种材料制备工艺提供了一种新型制备柔性电路的方法,克服了传统方法的种种问题,将制备电路所需的材料全部更新为有机材料,可实现工业化转变。同时,对导电主体材料石墨烯的研究不再局限于实验室范围,而是朝着大批量、工业应用的方向发展,进一步缩小了实验室研究和工业应用的差距,为有机电子制造行业开辟了一条新的出路。

6.5.5 炭黑基导电复合材料

1) 新型导电复合材料概述

为了配制与 3D 打印机一起使用的导电材料,选择导电炭黑(CB)填料。CB 是一种无定形碳,由重质石油产品如 FCC 焦油、煤焦油、乙烯裂解焦油和少量植物油的不完全燃烧产生。因此,它容易获得且价格低。已经证明,非晶 CB 在导电聚合物复合材料中是良好的填充材料。当填料的体积分数达到约 25% 时,通常会观察到具有导电填料的复合材料从绝缘到非绝缘性能的过渡。为了提供复合材料的可打印热塑性基体,选择一种容易获得的建模塑料——多晶型聚己内酯(PCL)。PCL 是具有低熔点(约 60 ℃)和约 260 ℃ 的玻璃化转变温度的可生物降解聚酯。该多晶型物质的低温处理条件有利于其最终形成的复合材料在 3D 打印中的应用,因为它不需要高温或昂贵的挤出设备。

2) 新型导电材料制备

选择 PCL 作为可打印的热塑性基体,以 CB 作为填充材料,CB 的最终质量分数为 15% 时,复合材料具有良好的打印分辨率和电导率(复合材料中 CB 的最终质量分数为 15% 时,该值超过了炭黑聚合物复合材料渗滤阈值,但 CB 质量分数较高的复合材料不符合 3D 打印机的喷嘴加热标准)。

3) 新型导电材料应用

此类新型导电复合材料可用于制造 Flex 传感器、电容按钮、"智能"水杯、薄膜电路、立体天线等,在穿戴式设备、微机电系统、一体化传感器等方面均有广阔的应用前景。

6.5.6 MWNTs/ABS 导电复合材料

1) 材料概述

开发导电复合材料涉及导电填料在热塑性树脂中的分散。在树脂基体中加入导电填料,使之具有导电、防静电或电磁屏蔽等功能是比较常见的改性方法。导电填料一般包括碳系材料或金属系材料粉末等,其中前者主要分为炭黑、石墨、碳纤维以及最新引入的多壁碳纳米管(MWNTs)和石墨烯等。ABS 是常用的工程塑料,具有强度大、韧度大、易于加工成形等特点,广泛应用于汽车、电子电器、建筑等领域。近年来,有关 MWNTs/ABS 导电复合材料的研究越来越多,这主要与 MWNTs 优异的力学性能、热性能、电性能、光学性能、磁性能、介电性能等有关。Jyoti 等通过双螺杆挤出机熔融共混制备了 MWNTs/ABS 复合材料,研究发现 MWNTs 添加的质量分数为 10% 时,复合材料电导率可达 3.3×10^{-6} S/cm。Sharma 等采用无溶剂混合后热压的方法制备了 rGO-MWNTs/ABS 复合材料,结果发现,添加质量分数为 10% 的 rGO 和质量分数为 1% 的 MWNTs 时,复合材料电导率为 3.01×10^{-1} S/cm。

2) 材料制备

将 ABS 和 MWNTs 在 80 ℃ 烘箱中干燥 12 h,按 MWNTs 质量分数为 1%、3%、5%、8%、10% 分别称取 MWNTs 和 ABS,混合均匀后采用双螺杆挤出机进行共混挤出;挤出物经粉碎再作为原料加入双螺杆挤出机共混,即第二次挤出,依次最多进行 4 次挤出。选用直径为 1.75 mm 的样品,用于导电和打印测试,MWNTs 的质量分数分别为 1%、3%、5%、8%、10%;以纯 ABS 作为参考样品,其对应的 MWNTs 质量分数为 0%。挤出时控制双螺杆转速为 15~25 r/min,进料口压强为 40~50 MPa,出料口压强为 20~40 MPa,各段挤出温度如表 6.6 所示。

表 6.6 双螺杆挤出机挤出温度设置

不同区域	1 段	2 段	3 段	4 段	5 段	6 段	7 段
温度/℃	190	195	200	210	215	220	225

3) 材料测试

导电复合材料的导电性与 MWNTs 在 ABS 基体中能否形成导电网络密切相关。当 MWNTs 质量分数较低时,多次的挤出混合有利于 MWNTs 在 ABS 基体中的均匀分布,促进了导电网络的形成,因此对复合材料的导电性影响显著;而当 MWNTs 质量分数增加到 5%~8% 时,导电复合材料的导电性对 MWNTs 在 ABS 基体中的分散水平的要求有所降低,2 次挤出混合后材料的导电性即接近最高水平,后面的 2 次挤出对提高材料的导电性作用不大;而当 MWNTs 质量分数较高(>10%)时,挤出次数对导电 3D 打印材料的导电性几乎没有明显的影响。

经过 4 次挤压混合后,随着 MWNTs 质量分数的增加,导电复合材料的屈服强度逐渐增大,但断裂伸长率变小,表明材料的韧性变差。随着 MWNTs 质量分数的增加,材料抗拉强度逐渐提高,由纯 ABS 的 38.83 MPa 提高到 48.47 MPa(MWNTs 质量分数为 10%),提高幅度达 24.8%,表明 MWNTs 与 ABS 基体复合较好,能够承担一定的拉应力载荷。随着 MWNTs 质量分数的增加,MWNTs/ABS 导电复合材料的显微硬度逐渐增强,由纯 ABS 的 234.18 HV 提高到 262.34 HV(MWNTs 质量分数为 10%),提高了 12%。随着 MWNTs 质量分数的增加,复合材料的冲击强度显著下降,由纯 ABS 的 392.31 J/m² 降低为 143.02 J/m²(MWNTs 质量分数为 10%),冲击强度衰减幅度达 63.5%,材料的韧性明显变差,一般3D打印件对材料的弹性没有太高的要求,但是较脆的MWNTs/ABS复合材料在制作商品级3D打印耗材时往往容易折断,难以制成质量较高的盘丝,无法用于连续FDM打印。

4) 材料应用

采用双螺杆共混挤出可以使MWNTs均匀地分散于ABS塑料基体中,形成具有抗静电和导电功能的导电复合材料。MWNTs的质量分数对复合材料的导电性有显著影响,可通过调整MWNTs质量分数制成具有不同功能的导电复合材料。多次挤出有利于MWNTs在ABS基体中的分散,更有利于形成导电网络。添加MWNTs可显著影响MWNTs/ABS复合材料的力学性能,随添加量的增加,材料抗拉强度和显微硬度有所提高,但断裂伸长率和冲击强度明显下降;当MWNTs达到一定量时,复合材料变硬、变脆,难以批量加工形成3D打印耗材成品。采用最佳条件制备具有抗静电功能的导电3D打印耗材成品,可满足商用FDM打印机对耗材的要求,具有良好的应用前景。

6.5.7　MWNTs/PLA 复合材料

1) 材料概述

在塑料工业中,面对日趋复杂、多样的塑料制品的需求,传统的以注模为主要方式的注射机难以满足要求。如今,高分子复合材料的应用越来越广泛。而一些特定的例如抗静电塑料、电磁屏蔽材料、数字控温发热材料等具有特殊性能的复合材料就需要使用导电高分子复合材料(CPCs)。因此,针对导电高分子材料的研究引发了各界学者的关注。导电高分子复合材料是指将导电填料(如炭黑、碳纳米管、碳纤维等)加入单相或多相高分子体系中,制成的具有导电特性的高分子复合材料。

2) 材料制备

将PLA粒料以及MWNTs粉料加入哈克(HAAKE)密炼机中,温度设定为170 ℃,密炼时间为15 min,螺杆转速为80 r/min。哈克密炼机使用双螺杆系统,在一定压力下能够使2种或2种以上材料均匀混合,故MWNTs在PLA基材中分散均匀,避免了MWNTs成簇团聚现象。完成后使用粉碎机将块状复合材料粉碎成粉末状。

3) 材料测试

纯PLA聚合物电阻值极大,属于绝缘体。而加入不同质量分数的MWNTs后其导电性能也有较大差别。经测试,与纯PLA聚合物的电导率相比,使用密炼机方法混合后的MWNTs/PLA复合材料,MWNTs质量分数为3%时电导率有一明显增量,约为 2.1×10^{-4} S/cm,电阻率约为 4.76×10^{-5} Ω/m,该复合材料3D

打印制品的电阻值可达到半导体性能要求,有防静电效果。而加入质量分数为5%的MWNTs的复合材料的电导率可达0.2 S/cm;质量分数为10%的MWNTs的复合材料的电导率可达1.6 S/cm,该复合材料的3D打印制品已可达到导电体性能要求,满足可导电制品的使用要求。

运用熔体微分3D打印机打印二维及三维结构的MWNTs/PLA制品,打印中,挤出丝直径统一,且运用交叉打印方式成形的制品具有良好的力学性能,满足使用要求。将打印长丝接入220 V的传统白炽灯中,随着MWNTs在复合材料中的质量分数的增加,导电性能明显提高。MWNTs质量分数为10%的复合材料的打印制品导电性能优异,测试结果表明该打印长丝的导电性能接近单根铜丝的导电性能。该测试更加说明熔体微分3D打印设备对该可导电复合材料具有优异的加工性能,且该复合材料完美地呈现出了MWNTs的功能性。

MWNTs/PLA复合材料的打印实验表明,该新型熔体微分3D打印设备具有制备功能性3D打印制品的功能,便于加工有特殊要求的3D打印制品。同时,运用该熔体微分3D打印设备制作出的三维复合材料防静电托盘模型具有良好的力学性能,满足一般使用要求;制作出的二维简单电路图模型在纸基板上有较强的黏结性能,满足使用要求。综上所述,熔体微分3D打印设备可完成有特殊要求的3D打印制品的加工制造工作,且制品满足使用要求,对后期3D打印特殊要求制品(如电路板、防静电设备等)具有技术指导作用。

6.5.8 纳米铜基导电复合材料

1)材料概述

当前的3D打印大多只能打印模型自身,还不能制造出包含电子功能的器件,纳米铜基3D打印用复合导电材料将显著扩展3D打印技术的应用范围。纳米铜粉分散在具有一定黏度的胶体溶液中,铜粉分布均匀,复合导电材料稳定性好。打印成形后的复合材料的电导率高,达到10^5 S/m数量级。

2)材料制备

将α-氨基丙烯酸甲酯与丙酮混合,加入二乙烯三胺,室温下搅拌,再依次加入γ-氨丙基三乙氧基硅烷、聚乙炔颗粒,然后加入平均粒径为50 nm的铜粉,加热搅拌,冷却至室温,得纳米铜基3D打印用复合导电材料。其中,纳米铜粉质量分数为20%~30%,α-氨基丙烯酸甲酯质量分数为15%~20%,二乙烯三胺质量分数为15%~20%,γ-氨丙基三乙氧基硅烷质量分数为15%~20%,聚乙炔质量分数为5%~10%,丙酮质量分数为20%~30%。制备的导电材料可在30~40 ℃的温度范围内进行3D打印。

3)材料测试

制备不同比例成分的复合材料进行对照试验,比例成分如表6.7所示。

表 6.7　不同比例成分的复合材料对照试验

序号	α-氨基丙烯酸甲酯质量/g	丙酮质量/g	二乙烯三胺质量/g	γ-氨丙基三乙氧基硅烷质量/g	聚乙炔质量/g	纳米铜粉质量/g
1	15	20	15	15	5	30
2	20	20	15	15	10	20
3	15	20	20	20	5	20
4	15	30	15	15	5	20
5	16	22	17	18	6	21

第一组材料,在 30 ℃下进行 3D 打印,成形后材料的密度为 3.96 g/cm³,抗拉强度为 76.3 MPa,电导率为 4.3×10^5 S/m。

第二组材料,在 40 ℃下进行 3D 打印,成形后材料的密度为 2.73 g/cm³,抗拉强度为 142.3 MPa,电导率为 1.5×10^5 S/m。

第三组材料,在 35 ℃下进行 3D 打印,成形后材料的密度为 2.86 g/cm³,抗拉强度为 119.1 MPa,电导率为 1.8×10^5 S/m。

第四组材料,在 30 ℃下进行 3D 打印,成形后材料的密度为 2.59 g/cm³,抗拉强度为 96.3 MPa,电导率为 1.1×10^5 S/m。

第五组材料,在 30 ℃下进行 3D 打印,成形后材料的密度为 3.12 g/cm³,抗拉强度为 137.1 MPa,电导率为 3.3×10^5 S/m。

4) 材料应用

纳米铜基复合导电材料可制成柔性电路、射频天线、精细电极等,在物联网及可穿戴电子产品等领域获得应用,市场前景广阔。

6.6　生物 3D 打印材料

由于生物体组织的固有特征之一就是组织材料的梯度性,因此梯度异质材料在生物医学领域获得了极大的关注,如由超高分子量聚乙烯(UHMWPE)纤维和高密度聚乙烯制备的梯度功能材料可用作膝关节置换材料,由纤连蛋白和胶原蛋白制备的梯度功能材料涂层组织可以改进植入硬组织的钛修复体的生长行为等。

6.6.1　生物 3D 打印材料研究进展

在国内,北京口腔医院依据获取的三维医学模型打印以人牙髓细胞与海藻酸钠共混物为材料的三维结构体,经验证,人牙髓细胞在三维结构体中仍能生长增殖。

杭州电子科技大学以人卵巢癌细胞、海藻酸钠等混合物3D打印体外卵巢癌三维结构体，准确地模拟了体内肿瘤生长机制，为肿瘤研究和抗癌药物筛选提供了新的技术可能。

山西医科大学口腔医院口腔外科李卫星等将壳聚糖-明胶-磷酸三钙复合物作为骨组织工程支架的原材料，并且采用二次冻干技术制备了孔径为 $200\sim400~\mu m$ 的 CS-Gel/TCP 三维立体骨支架，将兔骨髓基质细胞(BMSC)进行体外培养，并将其诱导为骨髓基质成骨细胞(BMSO)，结果显示：壳聚糖-明胶-磷酸三钙复合支架具有良好的骨修复效果。

西安交通大学与第四军医大学的王林等采用SLA工艺间接成形了磷酸三钙骨水泥支架，通过控制支架微孔结构对密质骨哈氏系统进行仿生实验，并观察了支架的生物相容性。

第四军医大学的李旭升等采用清华大学的低温挤出成形机分别制备了PLGA和PLGA/TCP支架。然后，在PLGA支架上种植采用软骨诱导的兔骨髓基质细胞，在PLGA/TCP支架上种植采用成骨诱导的兔骨髓基质细胞，构建骨软骨组织工程支架。最后，将支架在体外培养2周后，采用缝合的方式制成软骨与骨复合体，并将其植入兔股部肌肉中，8周以后发现异位形成骨软骨复合组织。针对关节面上大面积骨软骨缺损修复过程中软骨形态恢复和力学环境恢复困难的问题，设计并制造一种新型聚乙二醇(poly(ethylene glycol)，PEG)/聚乳酸(poly(lactic acid)，PLA)/β-磷酸三钙(β-tricalcium phosphate，β-TCP)仿生多材料复合增强骨软骨支架。基于CT扫描数据重建羊膝关节模型进行仿生多材料软骨支架的结构设计，包括多孔定制结构和固定桩及仿生结构；以光固化成形技术与真空灌注工艺相结合制造多材料复合增强骨软骨支架，确定灌注温度为 220 ℃，真空度为 $-0.08\sim-0.10~Pa$。形貌观测表明真空灌注工艺能使PLA完全充满整个次级管道，力学试验发现复合材料支架的压缩强度((21.25 ± 1.15) MPa)约是单管道多孔生物陶瓷支架压缩强度((9.76 ± 0.64) MPa)的2.17倍，PLA固定桩的剪切强度((16.24 ± 1.85) MPa)是陶瓷固定桩剪切强度((0.87 ± 0.14) MPa)的18.7倍。因此，复合PLA的骨软骨支架具有显著的力学增强和固定能力，有望为大面积骨软骨缺损的修复提供新的治疗手段。

在国外，新加坡国立大学Dietmar等首先将PGA、PLA用作软骨细胞体外培养支架材料，通过组织工程方法获得新生软骨。

新加坡南洋理工大学Yang等采用PCL和PCL 2HA复合丝作为原材料，采用FDM工艺制得外形尺寸为 $5~mm\times5~mm\times5~mm$ 的支架，并且通过调整成形参数可以调整支架孔隙率，试验结果表明该成形支架具有很好的成活性与生物相容性。为了制造力学性能良好且具有高渗透性的支架，Sears等提出了一种开放的多材料打印方法，选用二甲基丙烯酸酯，利用其生物相容性、骨传导率和优良的抗压性能，进行骨移植。这种方法利用具有层次结构的孔隙度，并且用一层致密的聚层(主要成分为 PCL)或 PLA 来进行强化。并且,他们提出了一种多模态印刷装置,结合浆料挤出和高温热塑性挤压,在双沉积中具有较高的位置精度。将这种新型的乳液油墨与传统的热塑性挤出印刷技术相结合,制造具有较高强度的支架,可促进细胞的活力和细胞的增殖。这项技术的发展使制造大量复杂的组织工程支架具有了广阔的前景。

6.6.2 人工髋关节成形材料

人工髋关节通常由股骨柄假体、股骨头假体、髋臼杯以及内衬假体组成,如图 6.10 所示。人工髋关节是根据人体髋关节的形态、构造以及功能进行设计并制成的仿人体髋关节假体。它将股骨柄假体插入股骨髓腔内,同时使股骨头与髋臼杯假体形成旋转,达到改善髋关节功能的目的,让患者的股骨实现弯曲和运动。

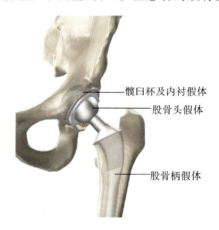

图 6.10 人工髋关节

1) 人工髋关节对成形材料的基本要求

人工髋关节是受力复杂的负重关节,同时承受拉力、压力、扭转和界面剪切力以及反复疲劳、磨损的综合作用,每年要承受 100 万~300 万次循环的体质量载荷,并且由于其长期植入体内,要经受体液的腐蚀作用。鉴于特殊的使用环境,人工髋关节所使用的成形材料要满足以下基本要求。

(1) 生物相容性。生物组织相容性要求人工髋关节成形材料不能对周围组织产生毒副作用,人体组织对植入材料无排斥反应;生物力学相容性要求人工髋关节成形材料的弹性模量、强度和韧度与人的皮质骨相匹配;在负载情况下,髋关节假体与所接触的组织所发生的形变要彼此协调,并且植入期间假体材料与周围的骨组织结合良好,不发生松动和下沉。

(2) 生物摩擦学性能。要求人工髋关节成形材料的磨损率低,磨损颗粒数量少且对人体组织无不良影响。

(3) 抗腐蚀、耐疲劳性能。要求人工髋关节成形材料在人体环境中经受化学腐蚀和电化学腐蚀时不失效,在人体循环疲劳作用下不损伤。

(4) 制备工艺和服役寿命。要求人工髋关节成形材料易于合成和制造,便于批量生产和质量检测,设计服役寿命应达到20～50年。

采用3D打印技术制作人工髋关节,所涉及的成形材料主要有金属材料、超高分子量聚乙烯材料和软骨组织材料。

2) 人工髋关节金属材料

人工髋关节金属材料在髋关节置换中占有重要的地位,目前髋关节置换术临床应用最多的是金属关节头和超高分子量聚乙烯髋臼的组合,并且随着金属材料配方和制造工艺的改进,金属/金属关节副的组合越来越受到重视。但是金属的弹性模量(100～200 GPa)与人体骨骼弹性模量(1～30 GPa)相差甚远,导致了应力遮挡效应,从而引起假体的疏松和不稳定;并且由于金属是生物惰性材料,植入人体后始终作为宿主的异体存在,容易变形和松动;另外在人体内的富氧环境中金属表面会形成2～5 nm厚的氧化层,其在摩擦作用下容易脱落,在脱落部位金属假体释放金属离子和颗粒,一方面增大了磨损率,另一方面释放的金属离子具有潜在的毒性。这些缺点严重影响了金属型人工髋关节的长期服役效果。

3) 人工髋关节超高分子量聚乙烯材料

超高分子量聚乙烯的相对分子质量(1×10^6～6×10^6)比普通聚乙烯的相对分子质量(5×10^4～30×10^4)高出几个数量级,力学性能优良,抗磨损能力强,并且其分子主链上有部分短支链,结晶度低,耐低温脆性和耐环境应力开裂性能良好,可以在低温环境下长期使用,目前已成为人工关节髋臼的首选材料。Xiong等研究了UHMWPE/氧化铝摩擦副在不同润滑介质条件下的摩擦磨损机制。结果表明,摩擦副起始的摩擦因数在干摩擦、盐水和蒸馏水润滑条件下比较大,在血浆润滑条件下最低;经过摩擦的稳定阶段后,摩擦副的磨损率在干摩擦条件下最大,可以发现大量的纤维状磨屑,在生理盐水润滑条件下次之,在血浆润滑条件下最低,并且不同润滑条件下的磨损机理不同。尽管UHMWPE性能优良并已在临床上取得了广泛应用,但其仍然是各种组合式髋关节假体的最薄弱环节,一方面它与相邻的股骨头发生相互作用时最容易受到磨损,磨损碎屑的迁移与巨噬细胞反应会引起骨吸收,从而导致置换失败;另一方面UHMWPE的硬度偏低,抗蠕变性能差,长期使用会使人工关节产生精度偏差,影响人工关节的装配性。

4) 人工髋关节软骨组织材料

正常髋关节表面(股骨头的外表面和髋臼的内表面)覆盖有一层富有弹性的软骨。软骨表面十分光滑,可以很好地减少髋关节活动时股骨头与髋臼间的摩擦,使关节活动平顺自然。随着新技术、新材料的不断应用,人工髋关节的设计也更接近自然,但是由于人工关节表面没有软骨组织,磨损不可避免。可利用生物3D打印技术,在髋臼内表面再生软骨,减少人工髋关节的磨损,延长使用寿命。

关节软骨由1％的软骨细胞和99％的软骨外基质组成，而基质又由胶原、蛋白多糖和水组成。关节软骨没有血管和淋巴管提供养分，且软骨细胞自身增殖能力有限，因而当关节受创或退化变性后，软骨细胞及基质的组成、代谢均发生相应变化，自身难以修复。组织工程化软骨是将自体或异体组织细胞在体外进行培养扩增后，接种到可降解的生物支架材料上，形成细胞-生物复合材料。将复合材料再回植到软骨缺损部位，随着时间的推移，生物支架材料逐渐降解，而组织细胞形成具有软骨功能的结构，从而达到修复缺损软骨的目的。除了种子细胞和活性因子外，生物支架材料对修复的软骨的质量起到至关重要的作用。

除需具有良好的力学、物理性能外，更重要的是生物支架需提供适于软骨组织再生的微环境。软骨细胞的支架材料分为天然生物材料和人工合成高分子材料。天然生物材料包括胶原、明胶、纤维蛋白、壳聚糖、藻酸盐、糖胺多糖等，它们具有良好的生物相容性和可降解性，但生物力学性能差，降解速度快。人工合成高分子材料包括聚乙烯醇、聚乳酸、聚氨酯、聚乙烯氧化物等，它们具有良好的生物相容性、无免疫原性且能根据需要调节降解速度，但吸水性差，细胞吸附能力弱，易引起细胞毒性、炎症反应。

目前软骨组织工程的研究重点是将上述几种材料配合使用，取长补短，并进一步改进制备工艺水平，提高支架的力学及物理、化学性能，使其生物力学特性更加接近天然软骨组织。Gong等开发了一种水凝胶填充型多孔支架的技术，并用于软骨修复。研究表明当聚乳酸多孔支架和琼脂水凝胶复合后，其压缩模量达到5.5 MPa，和天然软骨接近，大于单纯的聚乳酸多孔支架的压缩模量（2.05 MPa）。手术后1个月，复合体系可以维持原来的宏观外形，软骨细胞在聚乳酸/琼脂复合支架中呈圆形或椭圆形并分泌Ⅱ型胶原和黏多糖；而软骨细胞在单纯的聚乳酸支架中已经明显呈纤维化。这些结果说明了琼脂/软骨细胞/聚乳酸支架复合体系可以有效地促进软骨组织的再生。由于纤维蛋白凝胶有良好的生物相容性，赵海光等又发展了纤维蛋白凝胶/聚乳酸多孔支架复合修复软骨的技术。体外细胞培养结果表明，在纤维蛋白凝胶/软骨细胞/聚乳酸支架复合体系中，软骨细胞呈天然的圆形或椭圆形，具备典型的软骨细胞特征且分泌大量的细胞外基质，细胞几乎充满整个多孔支架且分布均匀。

6.7 本章小结

3D打印所涉及的材料因其成形工艺不同而千差万别。本章主要围绕异质零件3D打印成形所使用的各类成形材料进行阐述，较为详细地介绍了目前正在开展研究的多种异质材料的设计、制备及相应的研究进展。由于面向异质零件成形的多材料（如高分子材料、低熔点合金材料、陶瓷等）的研发当前尚处于初期，其设计技术、制备技术、材料性能和成形物性能的测试与评价等均未有成熟的技术路线,该类异质材料的研究将有助于人们掌握其本质及特性,更有利于异质零件的尽早工程化和产业化。

本章参考文献

[1] 张争艳. 异质多材料零件快速成型关键技术研究[D]. 武汉:华中科技大学,2014.

[2] 李亚江. 异质先进材料连接的理论与技术[M]. 北京:国防工业出版社,2013.

[3] 新野正之,平井敏雄,渡边龙三. 倾斜机能材料——宇宙机用超耐热材料应用[J]. 日本复合材料学会志,1987,13(6):257-264.

[4] 魏凤春,张恒,张晓,等. 智能材料的开发与应用[J]. 材料导报,2006(S1):375-378.

[5] 李涤尘,贺健康,田小永,等. 增材制造:实现宏微结构一体化制造[J]. 机械工程学报,2013,49(6):129-135.

[6] 陈花玲,王永泉,盛俊杰,等. 电活性聚合物材料及其在驱动器中的应用研究[J]. 机械工程学报,2013,49(6):205-214.

[7] BAR-COHEN Y, XUE T, JOFFE B, et al. Low-mass muscle actuators using electroactive polymers (EAP)[C]//SPIE Proceedings Volume 3324:Smart Structures and Materials Technology. Sandiego:SPIE,1998:697-701.

[8] MALONE E, HOD L. Freeform fabrication of ionomeric polymer-metal composite actuators[J]. Rapid Prototyping Journal,2006(5):244-253.

[9] KAMAMICHI N, MAEBA T, YAMAKITA M, et al. Fabrication of bucky gel actuator/sensor devices based on printing method[C]//2008 IEEE/RSJ International Conference on Intelligent Robots and Systems. Washington, D. C.:IEEE,2008:22-26.

[10] ROSSITER J, WALTERS P, STOIMENOV B, et al. Printing 3D dielectric elastomer actuators for soft robotics[C]//SPIE Proceedings Volume 7287:electroactive polymer actuators and devices (EAPAD). Sandiego:SPIE,2009,1-10.

[11] LANDGRAF M, REITELSHÖFER S, FRANKE J, et al. Aerosol jet printing and lightweight power electronics for dielectric elastomer actuators[C]//2013 3rd International Electric Drives Production Conference (EDPC). Washington, D. C.:IEEE,2013.

[12] CARREÑO-MORELLI E, MARTINERIE S, BIDAUX J E, et al. Three-dimensional printing of shape memory alloys[J]. Materials Science Forum,2007:534-536,477.

[13] TOLLEY M, FELTON S M, MIYASHITA S, et al. Self-folding shape memory laminates for automated fabrication[C]//Proceedings of 2013 IEEE/RSJ International Conference on Intelligent Robots and Systems. Washington, D. C.: IEEE, 2013.

[14] 王磊, 刘静. 液态金属印刷电子墨水研究进展[J]. 影像科学与光化学, 2014, 32(4):382-392.

[15] RIDA A, YANG L, VYAS R, et al. Conductive inkjet-printed antennas on flexible low-cost paper-based substrates for RFID and WSN applications[J]. IEEE Antennas & Propagation Magazine, 2009, 51(3):13-23.

[16] PIQUÉ A, CHRISEY D B. Direct-write technologies for rapid prototyping applications: sensors, electronics and integrated power sources[M]. New York: Academic Press, 2002.

[17] ZHENG Y, HE Z Z, GAO Y, et al. Direct desktop printed-circuits-on-paper flexible electronics[J]. Scientific Reports, 2013, 3(5):1786-1792.

[18] PAULSEN J A, RENN M, CHRISTENSON K, et al. Printing conformal electronics on 3D structures with aerosol jet technology[C]// 2012 Future of Instrumentation International Workshop (FIIW) Proceedings. Washington, D. C.: IEEE, 2012:1-4.

[19] ISLAM M A, HANSEN H N, TANG P T. Micro-MID manufacturing by two-shot injection moulding[J]. Onboard Technology, 2008:10-13.

[20] MALONE E, LIPSON H. Fab@Home: the personal desktop fabricator kit[J]. Rapid Prototyping Journal, 2013, 13(4):245-255.

[21] 陈苑明, 何为, 何雪梅, 等. 导电银浆 RFID 天线过桥连接的可靠性研究[J]. 包装工程, 2010(15):43-47.

[22] SANCHEZ-ROMAGUERA V, MADEC M B, YEATES S G. Inkjet printing of 3D metal-insulator-metal crossovers[J]. Reactive and Functional Polymers, 2008, 68(6):1052-1058.

[23] KIM M S, CHU W S, KIM Y M, et al. Direct metal printing of 3D electrical circuit using rapid prototyping[J]. International Journal of Precision Engineering and Manufacturing, 2009, 10(5):147-150.

[24] 周广洲, 蔡亚果, 张哲娟, 等. 无颗粒型银导电墨水的制备及其性能研究[J]. 材料导报, 2016, 30(12):50-54.

[25] 肖磊, 周德俭. 基于 3D 打印的 PCB 制造技术发展动态[C]//2016 中国高端 SMT 学术会议论文集. 成都:四川省电子学会 SMT 专业委员会, 2016.

[26] 杨明山, 赵祎宁. 一种用于热熔型 3D 打印的导电聚乳酸复合材料组合物的制备方法: CN105111703A[P]. 2015.

[27] 彭博,张煜霖,刘晓亚,等. 用于喷墨打印电子器件的石墨烯墨水的制备及应用进展研究[J]. 信息记录材料,2016,17(1):9-16.

[28] 陈海华. 石墨烯导电油墨的制备及其应用[D]. 南京:东南大学,2016.

[29] FELICE T, HASAN T, WU W P,et al. Inkjet-printed graphene electronics [J]. ACS Nano,2012,6(4):2992-3006.

[30] LI J T, YE F, VAZIRI S, et al. Efficient inkjet printing of graphene [J]. Advanced Materials,2013,25(29):3985-3992.

[31] SECOR E B, PRABHUMIRASHI P L, PUNTAMBEKAR K,et al. Inkjet printing of high conductivity, flexible graphene patterns [J]. Journal of Physical Chemistry Letters,2013,4(8):1347-1351.

[32] 张迪. 基于3D打印的高导电石墨烯基柔性电路的构建与性能研究[D]. 北京:北京化工大学,2016.

[33] 覃杨华. 一种具有高熔融指数的石墨烯3D打印材料:CN106566217A[P]. 2017.

[34] LEIGH S J, BRADLEY R J, PURSSELL C P, et al. A simple, low-cost conductive composite material for 3D printing of electronic sensors[J]. PLoS One,2012,7(11):e49365.

[35] 诸葛祥群,岑发源,成天耀,等. MWNTs/ABS导电3D打印复合耗材的制备与性能[J]. 塑料,2017(2):62-66.

[36] 刘丰丰,杨卫民,王成硕,等. 熔融微分3D打印制造MWCNTs/PLA可导电功能性制品[J]. 塑料,2016(6):1-4.

[37] 蓝碧健. 纳米铜基3D打印用复合导电材料及其制备方法:CN104177748A[P]. 2014.

[38] 舒霞云,张鸿海. 多材料按需微滴喷射系统设计与实验研究[J]. 机械科学与技术,2015,34(02):257-262.

[39] 薛世华,吕培军,王勇,等. 人牙髓细胞共混物三维生物打印技术[J]. 北京大学学报(医学版),2013,45(01):105-108.

[40] 石然. 基于细胞3D打印技术的肿瘤模型构建研究[D]. 杭州:杭州电子科技大学,2015.

[41] 李卫星,张芳. 壳聚糖-明胶-磷酸三钙组织工程支架用于兔颅骨缺损的修复[J]. 中国药物与临床,2006,6(3):172-174.

[42] 王林,王臻,李祥,等. 构建大段可控微结构组织工程骨的实验研究[J]. 中国骨与外科关节,2008,1(3):210-216.

[43] 李旭升,胡蕴玉,范宏斌,等. 组织工程骨软骨复合物的构建与形态学观察[J]. 中华实验外科杂志,2005,22(3):284-286.

[44] 庄佩,连芩,李涤尘,等. 仿生多材料复合增强骨软骨支架的制造及性能研究

[J]. 机械工程学报,2014,50(21):133-139.

[45] HUTMACHER D W. Scaffolds in tissue engineering bone and cartilage[J]. Biomaterials, 2000, 21(24):2529-2543.

[46] YANG S F, LEONG K F, DU Z H, et al. The design of scaffolds for use in tissue engineering. part Ⅱ. Rapid prototyping techniques [J]. Tissue Engineering, 2002, 8(1):1169-1172.

[47] SEARS N, DHAVALIKAR P, WHITELY M, et al. Fabrication of biomimetic bone grafts with multi-material 3D printing[J]. Biofabrication, 2017, 9(2):025020.

[48] www. 3ders. org. Mark Forged Mark One, World's First Carbon Fiber 3D Printer[EB/OL]. [2014-01-28]. http://www.3ders.org/articles/20140128-markforged-mark-one-world-first-carbon-fiber-3d-printer.html.

[49] COMPTON B G, LEWIS J A. 3D-printing of lightweight cellular composites[J]. Advanced Materials, 2014, 26(34):5930-5935.

[50] 王兴刚,于洋,李树茂,等. 先进热塑性树脂基复合材料在航天航空上的应用[J]. 纤维复合材料,2011,27(2):44-47.

[51] www. 3ders. org. New Balance track shoes adding customization with 3D printing [EB/OL]. [2013-03-07]. http://www.3ders.org/articles/20130307-new-balance-customizes-a-track-specific-running-shoe-using-3d-printing.html.

[52] Objet company. 3D materials expand design options[J]. Design Ideas, 2012(7):56.

[53] FELTON S M, TOLLEY M, SHIN B, et al. Self-folding with shape memory composites[J]. Soft Matter,2013,9(32):7688-7694.

[54] WANG J F, CARSON J K, NORTH M F, et al. A new structural model of effective thermal conductivity for heterogeneous materials with co-continuous phases[J]. International Journal of Heat and Mass Transfer, 2008, 51(9-10):2389-2397.

[55] 杨睿,贾振元,郭东明. 理想材料零件材料信息表述及处理的研究[J]. 中国机械工程,2006,17(2):164-167.

[56] QIN Q H, YANG Q S. Macro-micro theory on multifield coupling behavior of heterogeneous materials[M]. 北京:高等教育出版社,2008.

[57] JACKSON T R, LIU H, PARTIKALAKIS N M, et al. Modeling and designing functionally graded material components for fabrication with local composition control[J]. Material Design,1999,20:63-75.

[58] 章峻,司玲,杨继全. 3D打印成型材料[M]. 南京:南京师范大学出版

社,2016.

[59] 李涤尘,刘佳煜,王延杰,等. 4D 打印——智能材料的增材制造[J]. 加工技术与机床,2014,43(5):1-9.

[60] ROZENBERG O A, TURMANIDZE R S, SOKHAN S V, et al. Bearing surfaces with sapphire for total hip-joint replacement[J]. Key Engineering Materials, 2012, 496:121-126.

[61] SHETTY V, SHITOLE B, SHETTY G, et al. Optimal bearing surfaces for total hip replacement in the young patient: a meta-analysis[J]. International Orthopaedics, 2011, 35(9):1281-1287.

[62] LATOUR R A J, BLACK J. Development of FRP composite structural biomaterials: fatigue strength of the fiber/matrix interfacial bond in simulated in vivo environments[J]. Journal of Biomedical Materials Research, 1993, 27:1281-1291.

[63] BEDI A, FEELEY B T, WILLIAMS R J. Management of articular cartilage defects of the knee[J]. Journal of Bone and Joint Surgery-American Volume, 2010, 94(4):994-1009.

[64] BERGER J, REIST M, MAYER J M, et al. Structure and interactions in covalently and ionically crosslinked chitosan hydrogels for biomedical applications[J]. European Journal of Pharmaceutics and Biopharmaceutics, 2004, 57(1): 19-34.

[65] ZHAO H, MA L, GAO C, et al. A composite scaffold of PLGA microspheres/fibrin gel for cartilage tissue engineering: fabrication, physical properties, and cell responsiveness[J]. Journal of Biomedical Materials Research. Part B: Applied Biomaterials, 2009, 88(1): 240-249.

[66] TIĞLI R S, GÜMÜŞDERELIOĞLU M. Evaluation of alginate-chitosan semi IPNs as cartilage scaffolds[J]. Journal of Materials Science: Materials in Medicine, 2009, 20(3): 699-709.

[67] LAURENS E, SCHNEIDER E, WINALSKI C S, et al. A synthetic cartilage extracellular matrix model: hyaluronan and collagen hydrogel relaxivity, impact of macromolecular concentration on dGEMRIC[J]. Skeletal Radiology, 2012, 41(2): 209-217.

[68] BHARDWAJ N, NGUYEN Q T, CHEN A C, et al. Potential of 3-D tissue constructs engineered from bovine chondrocytes/silk fibroin-chitosan for in vitro cartilage tissue engineering[J]. Biomaterials, 2011, 32(25): 5773-5781.

[69] GONG Y H, HE L J, LI J. Hydrogel-filled polylactide porous scaffolds for

cartilage tissue engineering[J]. Journal of Biomedical Materials Research, 2007, 82(1): 192-204.

[70] 赵海光. 人纤维蛋白凝胶及其复合支架的制备与性能[D]. 杭州:浙江大学, 2007.

第 7 章　异质零件的 3D 打印成形技术

采用传统加工方法,如化学气相沉积、电解沉积、等离子喷涂等,难以精确控制各材料分布,只能制备材料分布比较简单的零件,不能直接制造具有复杂材料分布的零件或由多零件构成的机构。3D 打印技术由于具有材料、结构和功能并行设计与制造的特点,尤其是 3D 打印中的以数字微滴喷射工艺为基础的 3DP 工艺,因其能实现多种材料的可控定量定点喷射,能制作出不同组分和分布的多材料异质零件,因此在异质零件的成形方面具有独特优势。本章重点介绍以数字微滴喷射工艺为核心的 3D 打印技术制作异质零件的成形方法及成形工艺。

7.1　异质零件成形方法

尽管现有的单材料增材制造技术和相应的系统结构设计都具有应用到多材料增材制造(multi-material additive manufacturing,MMAM)领域的潜力,但是多材料增材制造技术要比单材料增材制造技术更复杂、难度更大。近年来,多材料模型的成形方法研究取得了一定的进展。Yakovlev 等研究了具有梯度功能材料的三维物体的激光直接成形方法。Lappp 等开发了一种基于离散成形的多材料 SLS 设备,可用来制作不连续的多材料原型件。Cho 等人报道了基于麻省理工学院提出的 3DP 工艺而开发的成形设备,该设备采用多个数字化打印喷头喷射成形材料来制作三维模型。Yang 和 Evans 开发了基于 SLS 工艺的多材料粉末喷洒设备,用来制造三维异质零件。Bremnan 等开发了可以商业化的多材料叠层制造设备,用来加工电陶瓷件。在生物制品的制作方面,Yan 等研究出了一种多喷头沉积制造(MDM)的方法,可直接制作出具有梯度功能的工程组织。Choi 等采用基于拓扑层次的路径规划研究了多材料叠层制造工艺。另有其他学者研究和提出了各种异质零件成形方法,但均处于探索或实验阶段,目前尚未有成熟的异质零件成形技术或方法。

各种异质零件成形方法,根据成形技术大致可分为如下几类。

7.1.1　基于微滴喷射技术的异质零件成形方法

微滴喷射技术采用喷墨印刷技术或者其他类似技术通过喷嘴有选择性地沉

淀建造材料微滴以达到建造三维结构的目的，它是一种可以加工多材料零件的快速成形技术。Solidscape 公司的 3D 打印机是一种商业化的打印机，它采用微滴喷射与冷却凝固技术，可以打印多种类型的聚合物材料。Stratasys 公司的 Connex 系列打印机和 3D Systems 公司的 ProJet 打印机是目前世界上多材料增材制造技术的典型代表，它们都是基于微滴喷射技术实现多材料零件快速成形的设备。3D Systems 公司的 ProJet 打印机喷头可以喷射两种独立的材料，一种是能够进行紫外光固化的聚合物材料（零件材料），另外一种是类似蜡状的材料（主要用于添加支撑结构）。Stratasys 公司的 Connex 系列打印机喷头包含许多个喷嘴，可以同时连续喷射多种不同的丙烯酸类聚合物，其每层成形厚度可达 16 μm。

微滴喷射材料如果是黏合剂，就可以通过铺粉加黏合剂喷射进行三维造型。其基本原理为：黏合剂微滴按照设定的形状喷射在粉床（即建造平台）上，然后按照第一层切片的形状喷射粉末颗粒，之后建造平台下降一定高度进行第二层切片的建造，即将黏合剂微滴喷射到第一层喷射的粉末颗粒上，然后按照第二层切片的形状喷射粉末颗粒，依次循环直到整个零件建造完成。这种方法最先是由麻省理工学院提出并发展起来的。这类 3D 打印技术展示出了建造多种材料零件的能力，能够用该类技术建造的材料包括陶瓷材料、金属材料、聚合物材料等，并且该技术能够用于建造形状较为复杂的零件。这种微滴喷射成形系统的框架结构如图 7.1 所示。

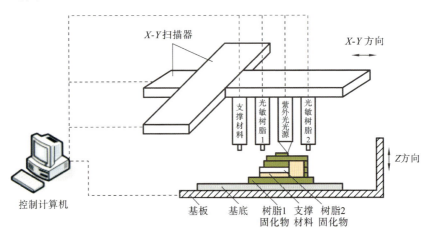

图 7.1　微滴喷射成形系统的框架结构

7.1.2　光固化技术的异质零件成形方法

光固化技术是基于液体光敏树脂类材料的光聚合反应原理工作的，主要采用紫外光等作为光源,在成形过程中逐层照射光敏树脂类材料使之能迅速发生光聚合反应,相对分子质量急剧增大进而变成固态。这种成形工艺的成形零件精度较高,原材料利用率接近100%。光固化系统示意图如图7.2所示。

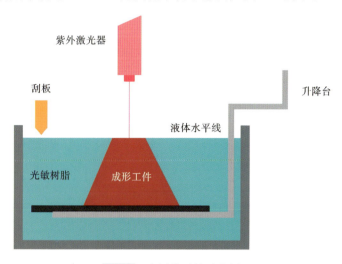

图 7.2　光固化系统示意图

安徽中科镭泰激光科技有限公司研发的多功能激光3D打印专业教学机集成增材制造、激光加工两种核心技术,不仅可实现金属、非金属的激光增材制造成形,还整合了激光切割、激光焊接、激光表面处理等加工技术,可用于激光增材制造(SLM、SLS)技术、理论,激光切割加工技术、理论(激光切割工艺、离线编程、数控加工、智能制造)的教学实验与教学研究等领域。西安交通大学通过搭建一种分区旋转槽多材料面曝光增材制造系统,验证了多材料光固化成形工艺,完成了含有两种树脂材料的复杂结构零件的加工。实验设计出的多材料结合面结合质量良好,多材料结合处的抗剪切能力较强。

目前桌面光固化3D打印机可分为两大类:桌面SLA和桌面DLP。由于SLA和DLP的技术途径存在显著差异,因此最终产品也会不同。SLA成形主要是点到线、线到面逐渐成形的过程,与SLA不同,DLP技术主要利用DLP投影,投影过程中将整个面的激光聚集到3D打印材料表面。中国科学院兰州化学物理研究所的研究人员在自主研发的具有磁性的柔性3D打印光敏树脂的基础上,通过改进DLP成形的3D打印机,使其能够在垂直方向上在两种或多种光敏树脂间进行自由切换,发展了双(多)材料3D打印技术,实现了含有磁性和非磁性部分的驱动器件的免装配一次成形制造。力学测试和扫描电子显微镜(SEM)分析结果表明,磁性和非磁性两种树脂之间具有很好的结合力,并且能够进行有效的磁场驱动。采用多材料3D打印技术建造含有磁性和非磁性部分的分段组合的免装配柔性驱动器,实现了弯曲变形与货物运送等功能。

7.1.3 基于粉末烧结技术的异质零件成形方法

粉末烧结技术也是一种具有加工多材料零件潜力的添加式快速成形技术,这类技术利用热能熔化粉末,之后将熔融粉末材料冷却在预定位置。由于激光具有能量集中、传播性好等特点,许多粉末烧结系统利用激光熔化聚合物、金属粉末或者陶瓷材料。根据粉末材料是否全部熔融,这类系统可以分为激光选区烧结(SLS)和激光选区熔化(SLM),其中,前者熔融局部粉末,后者熔融全部粉末。

美国德克萨斯大学奥斯汀分校 Lapp 等研究了多材料粉末烧结系统,他们的研究工作主要集中于离散多材料粉末烧结模式,图 7.3 所示为该系统的工作原理,它的主要步骤如下:

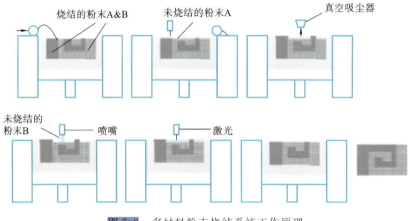

图 7.3 多材料粉末烧结系统工作原理

(1) 由传统 SLS 系统中的反向旋转滚筒将粉末 A 输送到粉床(即建造平台)上,由 CO_2 激光烧结出预设的层片形状;

(2) 采用真空吸尘器有选择性地移除粉末 A,腾出放置粉末 B 的空间位置;

(3) 滚筒输送粉末 B 到由第(2)步得到的空间位置并将粉末抹平,由 CO_2 激光烧结出预设的层片形状;

(4) 建造平台降低,重复以上步骤直到整个零件建造完成。

德国学者 Regenfuss 等基于粉末烧结技术开发了另外一种多材料粉末烧结系统,其结构如图 7.4(a)所示,系统中烧结平台有两个圆柱形的孔用来供给铜和银粉末。但是该系统仅仅能实现垂直方向的材料梯度变化(见图 7.4(b)),不能实现水平方向的材料变化。

武汉华科三维科技有限公司研制出了世界首台可以同时打印非金属材料和金属材料的工业级 3D 打印设备 HK PM250。

比利时 Aerosint 公司发明了一种多材料粉床 3D 打印工艺,实现了高性能

第 7 章　异质零件的 3D 打印成形技术

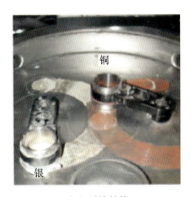

（a）系统结构

（b）采用铜和银制成的零件

图 7.4　Regenfuss 的多材料粉末烧结系统

聚合物 3D 打印，该公司开发了一种能够提供多种粉末材料的机器，可以打印由不同材料制成的零件。它使用一种新的多粉末分配技术，由多个图案鼓（每个粉末类型一个）组成分配器，可以逐行选择性地沉积细粉末体素。这个过程产生一个由多于一种基础材料组成的烧结就绪粉末层，并且可以以高达 200 mm/s 的速度进行图案化，与现在的 SLS 涂布机的行进速度相当。常规的 SLS 设备使用同一种材料，无论是模型部分还是支撑部分，因此在打印过程中支撑材料在高温烘烤下，力学性能会发生变化，重复利用次数很有限。Aerosint 公司发明的新技术比常规的 SLS 技术更有优势，在采用该技术的打印过程中，使用惰性的粉末材料作为支撑和填充材料，这些材料长时间暴露于高温的环境中，也不会发生化学变化或者降解，因此可以重复使用，所以几乎可以达到零废物。图 7.5 所示为 Aerosint 公司的多材料粉末打印示意图，有两种材料，灰色为支撑材料，蓝色为模型材料。

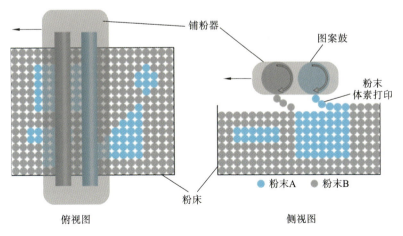

图 7.5　Aerosint 公司的多材料粉末打印示意图

131

7.1.4 基于挤出成形技术的异质零件成形方法

挤出成形系统通过逐层连续挤出材料以达到建造实体零件的目的。现有的挤出成形技术依据材料是否熔融主要分为两大类：熔融挤出成形技术和非熔融挤出成形技术，如表 7.1 所示。挤压成形系统中经常采用两个或者更多个挤压喷嘴以便能建造出多材料结构。如图 7.6 所示，常见的熔融沉积成形系统通常采用两种离散的材料，一种材料充当零件材料，另外一种材料供给支撑结构，该材料在后处理过程中要能够很容易地从建造完成的零件上移除。

表 7.1 挤压成形技术分类

挤出成形技术分类		
熔融挤出成形	熔融沉积成形	（fused deposition modeling，FDM）
	多相射流凝固	（multiphase jet solidification，MJS）
	精密挤压制造	（precise extrusion manufacturing，PEM）
	精密挤压沉积	（precise extrusion deposition，PED）
	3D 纤维沉积	（3D fiber deposition）
非熔融挤出成形	机器人铸造	（robocasting）
	三维生物绘图	（3D-bioplotting）
	直写技术	（direct-write assembly）
	压力辅助微注射器	（pressure-assisted microsyringe，PAM）
	低温沉积成形	（low-temperature deposition manufacturing，LDM）
	溶剂基挤出自由成形	（solvent-based extrusion freeforming）

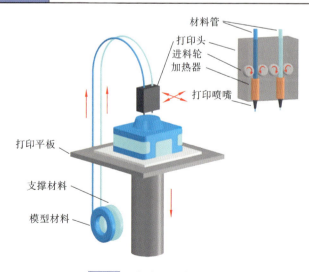

图 7.6 熔融沉积成形工艺

美国新泽西州罗格斯大学(Rutgers University)科研人员开发了基于 FDM 技术的多材料熔融沉积 FDMM(fused deposition of multi-materials)系统,该系统可以用来建造多类陶瓷材料零件,其材料数量可以达到 4 种。

7.1.5 基于直接能量沉积技术的异质零件成形方法

直接能量沉积系统利用激光熔融从材料沉淀喷嘴喷射的颗粒状粉末(通常是金属粉末),其结构示意图如图 7.7 所示。该类技术主要采用高能量的激光作为熔融材料的热源,主要用于成形金属材料零件。

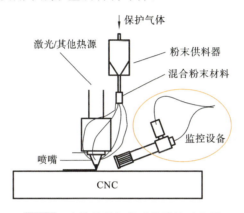

图 7.7 直接能量沉积系统结构示意图

根据材料在沉积时的不同状态,这类技术主要分为两类。

(1) 材料以粉末或丝状形态在沉积过程中实时送入沉积区域,激光在沉积区域产生熔池并高速移动,材料熔化后逐层沉积,这称为激光直接沉积增材成形技术。该技术只能成形出毛坯,然后依靠数控加工达到零件净尺寸要求,主要代表有激光近净成形(laser engineering net shape, LENS)、激光熔覆(laser cladding, LCD)等。

(2) 粉末在沉积前预先铺展在沉积区域,其层厚一般为 20～100 μm,利用高强度激光按照预先规划的扫描路径逐层熔化粉末,直接净成形出零件,这称为激光精密增材成形技术,主要代表有直接金属沉积(direct metal deposition, DMD)、SLM。

在多材料零件建造方面,Bandyopadhyay 利用 LENS 成形系统在多孔金属 Ti-6Al-4V 上按照异质多材料的形式覆盖了具有强耐磨性的 Co-Cr-Mo 金属。

美国华盛顿州立大学首次实现利用激光近净成形技术一次成形出由两种不同材料组成的梯度功能复合材料结构,有效缩短了制造流程,快速制造出具有多种材料的复杂构件。这种直接能量沉积增材制造技术采用激光束作为能量源,在基板上形成熔池,并在其上供给粉末。该技术可用于制造金属和陶瓷材料零件、双金属材料零件和高硬度陶瓷涂层。研究人员利用 LENS 工艺制造出了由 Ti-6Al-4V 合金、Ti-6Al-4V+Al_2O_3 复合材料和纯 Al_2O_3 陶瓷不同截面所组成的金属/陶瓷梯度结构,并对 Ti+Al₂O₃ 梯度结构的横截面进行显微结构表征、相分析、元素分布和显微硬度测量。结果显示,每个部分都有其独特的微观结构和相结构。此外,研究人员还采用 LENS 工艺,制造出了镍铬、铜梯度结构。镍基高温合金 Inconel 718 是一种高温耐腐蚀材料,在燃气轮机和火箭发动机中得到了广泛的应用。研究人员通过在 Inconel 718 上沉积 GR-Cop 84,提高了 Inconel 718 的热导率,同时保持了 Inconel 718 在高温下的高强度。与纯 Inconel 718 合金相比,沉积 GR-Cop 84 后的 Inconel 718 热扩散率提高 250%,电导率提高 300%,可提高飞机发动机的寿命和燃油效率,为下一代航空航天结构件的制造开辟了新的多材料金属增材制造方法。

7.1.6 基于超声波制造方法的异质零件成形方法

近年,美国 Fabrisonic 公司开发出一种基于超声波的异质零件增材制造技术——超声波增材制造(UAM),它采用大功率超声能量,以金属箔材作为原材料,利用金属层与层之间振动摩擦产生的热量,促进界面间金属原子相互扩散并形成界面固态物理冶金结合,从而实现金属带材逐层叠加的增材制造成形,同时将固结增材过程与数控铣削等减材工艺相结合,实现了超声波成形与制造一体化的超声波增材制造技术。与高能束金属快速成形技术相比,超声波增材制造技术具有加工温度低、无变形、速度快、绿色环保等优点,适合复杂叠层零部件成形、加工一体化智能制造,在航空航天装备、能源、交通等尖端领域有着重要的应用前景。

UAM 是金属 3D 打印技术中的一个独特分支,拥有加工温度低(200 ℃左右)、成形尺寸大,工件表面粗糙度较小,成形速度快等诸多主流技术(如粉末熔融成形(PBF))不具备的优点,但同时也有着加工精度低、对悬空结构要求严格等缺点。UAM 工艺主要使用超声波熔融金属薄片,能够实现真正冶金学意义上的层层黏合,并可以使用各种金属材料如铝、铜、不锈钢和钛等。UAM 工艺可以同时"打印"多金属材料,而且不会产生明显的冶金变化。该工艺能够使用成卷的铝或铜质金属箔片制造出带有高度复杂内部通道的金属部件。图 7.8 所示为 Fabrisonic 公司的 UAM 工艺原理。

立陶宛软件公司 Neurotechnology 也研发出了另一种 UAM 技术。它比 Fabrisonic 公司的 UAM 更强,采用"非接触式"加工方式,可以采用多种材料(如金属、塑料,甚至液体)和部件打印或组装几乎任何类型的 3D 物体。Neurotechnology 已经制造出了基于这种技术的打印机原型机,并且成功利用它打印出了一块简单却功能齐全的印制电路板。这台原型机能通过一个超声波换能器阵列来移动电子部件并将它们精确地放置到印制电路板上。实际打印时,其顶端的摄像机会监控整个过程并告诉换能器阵列应该将电子元件放到什么位置。而当所有元件都被放到正确位置后,机器便会用激光将它们焊接到印制电路板上(也是一种非接触式工艺)。

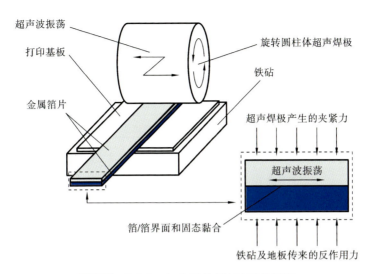

图 7.8　Fabrisonic 公司的 UAM 工艺原理

通过结合增材和减材处理能力，UAM 工艺可以制造出深槽、中空、栅格状或蜂窝状内部结构，以及其他复杂的几何形状，这些结构和形状是无法使用传统的减材制造工艺完成的。另外，因为金属没有被加热或焊接，所以许多电子装置可以嵌入而不被损坏。

过去使用常规焊接技术加工智能材料所面临的最大挑战就是，材料熔化往往会大大降低智能材料的性能。因为 UAM 工艺不涉及熔化等工序，所以该工艺可以用来将导线、带、箔和所谓的"智能材料"比如传感器、电子电路和致动器等完全嵌入密实的金属结构中，而不会导致任何损坏。该工艺将为含有电子电路、传感器等智能结构体的 3D 打印制造提供一种可靠途径。

7.1.7　基于电弧熔覆工艺的异质零件成形方法

电弧增材制造技术（wire arc additive manufacturing，WAAM）以电弧为载能束，采用逐层堆焊的方式制造金属实体构件，如图 7.9 所示。该技术主要基于 TIG、MIG、SAW 等焊接技术发展而来，成形零件由全焊缝构成，化学成分均匀、致密度高，开放的成形环境对成形件尺寸无限制，成形速率可达每小时几千克，比激光选区熔化、激光选区烧结、电子束增材制造等金属成形技术效率高得多。但电弧增材制造技术制造的零件表面波动较大，成形件表面质量较低，一般需要二次表面加工，相比激光、电子束增材制造，WAAM 技术主要应用于大尺寸复杂构件的低成本、高效快速近净成形。

WAAM 技术采用数字化连续堆焊成形方法，从载能束的特征考虑，其电弧越稳定越有利于成形过程的控制。因此，电弧稳定、无飞溅的非熔化极气体保护焊（TIG）和基于熔化极惰性/活性气体保护焊（MIG/MAG）的冷金属过渡（cold met-

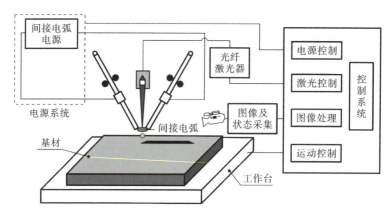

图 7.9　基于电弧熔覆工艺的异质零件制造原理

al transfer，CMT)技术成为目前主要使用的热源提供方式。

WAAM 设备的基本成形硬件系统包括成形热源、送丝系统及运动执行机构。作为由点向三维方向扩展的运动执行机构,其位移、速度、位置的重复定位精度、运动稳定性等对成形件尺寸精度的影响至关重要,目前使用较多的是数控机床和机器人。数控机床多用于形状简单、尺寸较大的大型构件成形,机器人具有更多的运动自由度,与数控变位机配合,在成形复杂结构及形状上更具优势,但基于TIG 的侧向填丝电弧增材制造因丝与弧非同轴,如果不能保证送丝与运动方向的相位关系,高自由度的机器人可能并不适合,所以机器人多与 MIG/MAG、CMT、TOP-TIG 等丝弧同轴的焊接电源配合搭建电弧增材成形平台。

在 WAAM 成形过程中,载能束热流密度低、加热半径大及热源强度高,使得成形时往复移动的瞬时点热源与成形环境相互作用强烈,且热边界条件呈非线性时变,故成形过程稳定性控制是获得连续一致成形形貌的难点,尤其对大尺寸构件而言,热积累引起的环境变量变化更显著,达到定态熔池需要更长的过渡时间。针对热积累导致的环境变化,如何实现过程稳定性控制以保证成形尺寸精度是现阶段 WAAM 制造的研究热点。

7.2　异质零件 CAD 模型数据处理方法

异质零件的 CAD 模型数据处理是零件成形的上游工序,其过程包括模型可视化操作、异质零件 CAD 模型切片及成形工艺规划等。因成形工艺规划与具体成形技术及具体成形要求密切相关,且基本技术路线较为成熟,本书不做详细介绍。

7.2.1　异质零件 CAD 模型可视化操作

异质零件 CAD 模型目前无法通过商用化软件进行直接设计而获得,因此,为便于其 CAD 模型的纠错、编辑等可视化操作,一般采用彩色模型表示不同材料分布的异质零件 CAD 模型。

根据异质零件的功能设计要求,通过软件开发,建立材料和色彩之间的映射,即用某种颜色定义与其对应的材料。

假设某模型由 s 种材料构成,这 s 种材料分别被表示成 $m_1, m_2, \cdots, m_r, \cdots, m_s$,其中,$m_r$ 表示第 r 种材料;则在该模型的彩色模型中就需要 s 种颜色来分别表示这 s 种材料,如果把这 s 种颜色分别表示成 $c_1, c_2, \cdots, c_r, \cdots, c_s$,其中 c_r 是第 r 种颜色,则颜色 c_r 就可以表示材料 m_r,从而实现以多色彩来映射多材料。

图 7.10(a)所示为单一均质型 STL 模型,其色彩表示为单一型灰色;图 7.10(b)所示的零件由三种不同的材料构成,则只需把相关部位用红、黄、蓝(或其他色彩)三种不同的颜色来表示即可。各特征部位之间的材料梯度变化可由第 5 章的插值算法实现。

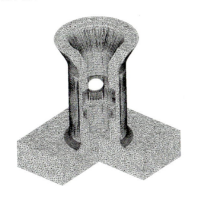 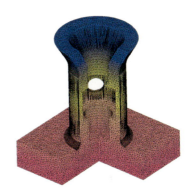

(a)单一均质型STL模型　　　　　　(b)三色STL模型

图 7.10　单一均质型 STL 模型转变成三色 STL 模型

在计算机里,每个切片中的每个像素点的颜色可由 24 位 RGB 色彩模式表示,其中 8 位表示红色,8 位表示绿色,8 位表示蓝色。因此在计算机中可以表示 2^{24} 种,即 16 777 216 种颜色,理论上相应地可以表示 16 777 216 种单质材料。

7.2.2　异质零件 CAD 模型切片算法

与其他常用 3D 打印成形工艺类似,异质零件 CAD 模型也必须进行切片处理后才能成形。切片处理过程中,所设置的成形方向、切片厚度、切片图像分辨率等都将直接影响成形件的精度、强度乃至其加工成本及加工时间。

零件的快速成形方法相对复杂,需要寻求专门的快速成形方法。

单一均质材料零件的 CAD 模型,在其分层切片时不需要考虑材料属性,只需关注轮廓形状;而异质零件的材料属性较为复杂,并且随着梯度维数的增加,其材料属性也随之增加,因此,异质零件 CAD 模型的切片分层,除了考虑轮廓形状外,也需要考虑零件的材料组成及属性。

本书以彩色标准文件存储格式 PLY 模型为例,阐述异质零件的切片原理及切片过程。

对于采用特征节点构造的异质零件体素模型,可以以材料原点为中心点进行切片,使得切片数据的精度更高。其切片算法一般流程如图 7.11 所示。

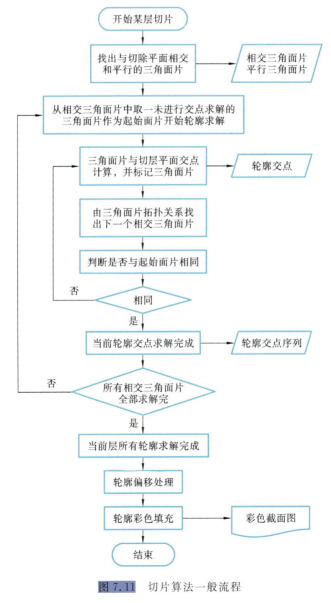

图 7.11 切片算法一般流程

PLY 模型表面由连续排列的多个三角面片组成,在切片过程中需要将三角面片信息转化为二维截面信息,其关键点在于 PLY 模型含有色彩信息,因此在获得的切片序列中,需在每个二维切片层内附加相应的色彩信息。

为了建立三维空间中三角面片的数据结构,以完成后续的切片层与三维模型的交点求解,先要建立彩色模型中三角面片列表的拓扑关系,得到有序排列的切片层打印轮廓(后面会转化为图片信息)线段列表的信息。在三维模型中,主要有两种三角面片的拓扑关系:一种是各顶点所在三角面片的拓扑关系,并保存各顶点的信息;另一种是各三角面片的邻接三角面片之间的拓扑关系。图 7.12 所示为建立拓扑关系的流程。

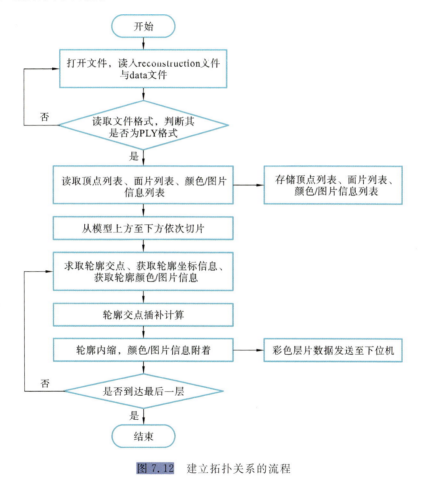

图 7.12 建立拓扑关系的流程

1. 顶点所在面片查找

在切片层面经过模型表面上一点,如图 7.13 中 A 点时,需要找出该点所穿过的所有三角面片,通过比较排除包含 A 点但并没有切片层面穿过的三角面片,这样能够通过这些面片继续查找下一个与切片层面相交的轮廓点。如图 7.13 所示,包含 A 点的三角面片有 6 个,但同时有切片层面穿过的三角面片只有①和②2 个。

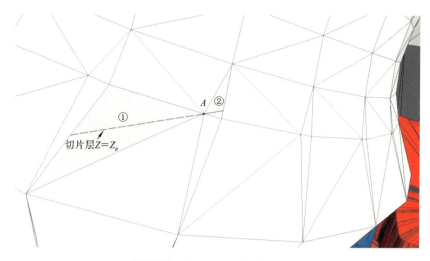

图 7.13　切片层面刚好穿过顶点

为了后面便于查找各顶点所在并有切片层面穿过的三角面片,先将所有这些三角面片通过特定索引值存储起来。每个三角面片都有 3 个顶点,后 2 个顶点所在三角面片被认为与第一个相同并保存为第一个被切片层面穿过的顶点序号。因此,各顶点所在面的拓扑关系可以在完全查找所有顶点所在面后获得。

2. 三角面片的邻接面片查找

当切片层面没有穿过三角面片顶点而是与三角面片的两条边相交时,需要寻找到邻接该三角面片的下一个三角面片,第一步先要找出与该三角面片邻接的所有三角面片。如图 7.14 所示,三角面片①所有的邻接三角面片为三角面片②③④,切片层面 Z_p 只穿过三角面片①的两条边。因此第二步就是在已知 B、A、F 三

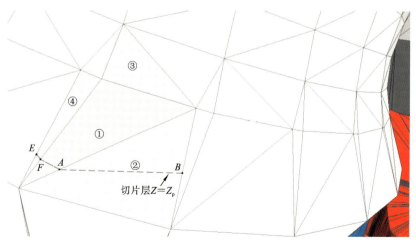

图 7.14　切片层面穿过三角面片的两边

个轮廓顶点的情况下,找到切片层面穿过的下一个三角面片,即三角面片④,同时得到下一个轮廓顶点 E。

从三角面片的每个单独的边来看,每条边都对应一个邻接的三角面片,这样,查找三个邻接三角面片的工作可以由原三角面片的三条边开始。上一步已经找到了经过顶点的三角面片,而对于两个在同一三角面片内的顶点,包含它们的三角面片里有两个三角面片是共有的,这两个三角面片互为邻接三角面片(见图 7.15),这两个顶点为 A、B,AB 边上的邻接面片有三角面片②⑤,二者互为邻接三角面片。

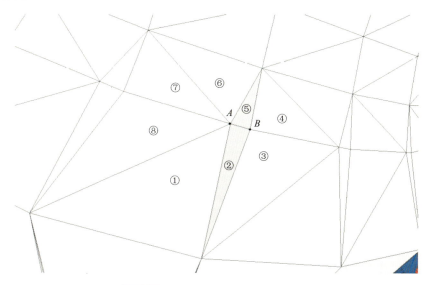

图 7.15 各三角面片的邻接三角面片

喷墨系统所需要的数据为二维切片层面截面信息,根据截面层的切片顺序,以切片层的厚度为机械高度上升信息,堆积各截面可以得到三维模型。因此切片算法中需要得到彩色截面的完整数据信息,这就需要完成如下工作:截面点数据的采集记录、根据点数据建立平面轮廓和轮廓偏置与色彩填充。

根据上面所建立的各顶点所在三角面片拓扑关系与各三角面片邻接三角面片拓扑关系,可以找到二维截面的所有轮廓,这时为了将模型表现出来,可以将模型看作轮廓上每一个交点构成的点云数据;而色彩的获取与填充要分两种情况,颜色域值为 0 或 1,其中颜色域值为 0 表示模型表面颜色由图片贴图构成,颜色域值为 1 表示模型颜色信息需要通过线性插值计算获得。

3. 平面点数据采集

1) 坐标数据信息

在原三维模型文件中索引该三角面片三个顶点,顶点坐标如图 7.16 所示,三角面片顶点为 V_1、V_2、V_3,通过拓扑关系寻找到它们的坐标与色彩信息。再根据

切片层 Z 的高度信息,如图中的 $Z=Z_p$ 平面,在图中可以看到三角面片与切片层面相交的边为 AB 线段,根据该边的两顶点所在直线,即该三角面片的两条边,进行线性插值计算,最后得到 A、B 的坐标值并依据其坐标值索引其颜色值。

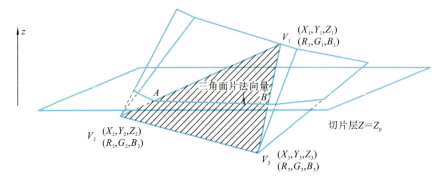

图 7.16　切片层面穿过三角面片时的顶点坐标

插值计算公式为

$$\frac{X_p \cdot X_1}{X_2 \cdot X_1} = \frac{Y_p \cdot Y_1}{Y_2 \cdot Y_1} \cdot \frac{Z_p \cdot Z_1}{Z_2 \cdot Z_1} = t, \quad t=1 \tag{7.1}$$

$$X_p = \frac{(Z_p \cdot Z_1)(X_2 \cdot X_1)}{Z_2 \cdot Z_1} X_1 \tag{7.2}$$

$$Y_p = \frac{(Z_p \cdot Z_1)(Y_2 \cdot Y_1)}{Z_2 \cdot Z_1} Y_1 \tag{7.3}$$

2) 色彩数据信息

PLY 模型切片的色彩信息获取方法分两种情况:若该 PLY 文件以图片贴图的形式定义模型表面颜色,也就是文件中颜色域值定义为 0 时,则无须计算色彩信息,直接索引图片贴图颜色值;若颜色域值为 1,则该切片层面与三角面片相交的线段 AB,包括这条线段上的色彩信息都需要对颜色值进行索引后通过线性插值求出,分 R、G、B 三个颜色分别计算,公式为

$$R_p = \frac{(Z_p \cdot Z_1)(R_2 \cdot R_1)}{Z_2 \cdot Z_1} R_1 \tag{7.4}$$

$$G_p = \frac{(Z_p \cdot Z_1)(G_2 \cdot G_1)}{Z_2 \cdot Z_1} G_1 \tag{7.5}$$

$$B_p = \frac{(Z_p \cdot Z_1)(B_2 \cdot B_1)}{Z_2 \cdot Z_1} B_1 \tag{7.6}$$

4. 二维轮廓建立

1) 根据拓扑关系建立轮廓

基于"平面点数据采集"中得到的截面轮廓的所有顶点,将这些轮廓顶点连接起来构造出正确的截面图片;基于"三角面片的邻接面片查找"中建立的三角面片之间的空间拓扑关系,找到三角面片邻接面片与三角面片顶点所在面片,得到顶

点的排列顺序。

首先选取一个三角面片，如图 7.17 所示。选取三角面片 $V_1V_2V_3$ 作为第一个三角面片，切片层面与其的一个交点 A 作为截面轮廓的第一个顶点，此时若 A 点在三角面片的顶点上，从 A 点所在的三角面片中查找该点的另一个与切片层面相交的三角面片，算出下一个截面轮廓的顶点；若 A 点在三角面片的边上，下一个截面轮廓顶点在该边的邻接面片上，则根据该邻接面片求取轮廓顶点。按照这两种情况求解，当最后找到的三角面片与第一个三角面片相同时，即可求得该轮廓截面。图 7.17 所示为二维轮廓（ABCDEF）的建立过程。

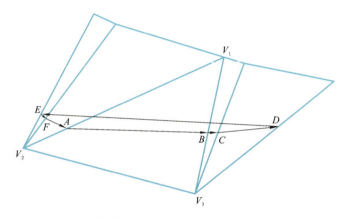

图 7.17　二维轮廓的建立过程

2) 轮廓方向选择

在得到截面轮廓后，选取的第一个面片与切片层面 Z_p 有两个交点，如图 7.18 中的截面轮廓所示，选取的第一个三角面片 $V_1V_2V_3$，它与切片层面有 A 和 B 两个交点，这时轮廓第一个点的选择就决定了截面的方向：若将 A 点作为轮廓第一个点，得到的轮廓为 AFEDCB；而若将 B 作为轮廓第一个点，得到的轮廓就是 BCDEFA。这两种方式得到的截面轮廓方向恰恰相反，在后续的轮廓偏置与颜色填

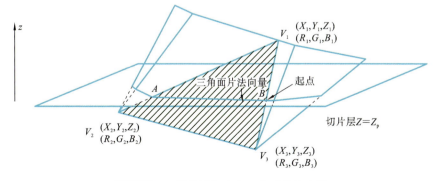

图 7.18　二维轮廓起点与三角面片法向量

充时,对于轮廓的方向就需要做出正确的选择。根据一般三角面片表达方式来看,三角面片的三个顶点索引的保存方式为右手螺旋定则,即沿三角面片的法向量反方向看时,三个顶点是沿逆时针方向排列的,因此三角面片每条边都可以当成一条有起点和终点的有向线段。这样在选择轮廓起点时,就应当选择起点在切片层面之下、终点在切片层面之上的三角面片边上的交点作为轮廓的起点,这种方法得到的轮廓可以保证外轮廓沿逆时针方向而内轮廓沿顺时针方向,如图7.18所示,选取 B 作为起始顶点。

7.2.3 异质零件CAD模型的优化

单一均质零件的CAD模型对于分层方向的选择,往往只需要考虑成形精度、成形效率等因素,但由于异质零件的材料分布特异性,对其进行不同方向的切片分层获得的切片序列内含有的材料分布大相径庭,因此其CAD模型的分层方向选择较单一均质零件的CAD模型复杂得多。为此,诸多学者提出了不同的切片方法。

针对梯度源为平面、梯度方向垂直于梯度源的一维梯度功能材料零件,Zhou提出垂直梯度方向切片的方法进行真实零件的快速成形。垂直切片后,每层切片具有相同的材料属性,两个相邻切片之间具有不同的材料属性,因此,在建造每一层切片时不用考虑材料的变化,只需要考虑层与层之间的材料变化,并且每层切片的扫描路径都可以按照单材料进行规划。针对梯度源为轴线或者零件内表面、梯度变化方向由内表面指向外表面的一维梯度功能材料零件,Xu、Shinet 等提出采用等距偏置方法进行真实零件的加工。其基本思想:以轴线方向为建造方向,垂直轴线进行切片,之后在二维切片层面进行切片轮廓偏置,生成圆形的加工路径(类似 offset 型扫描路径),其轮廓偏置过程中需要考虑每个圆形加工路径的材料属性,该材料属性由梯度功能材料相关理论计算得到。理论上该方法不受梯度功能材料零件形状的影响,可以应用于任意形状的梯度功能材料零件。尽管如此,该方法如果应用在非规则形状的梯度功能材料零件建造中,其材料误差相比于规则的圆柱形梯度功能材料零件要大得多。

上述切片分层方法都利用了一维梯度功能材料零件的材料属性呈现一定的规律性变化这一特点,实现一维梯度功能材料零件的近似加工,但无法实现多维梯度功能材料零件的快速成形,因为多维梯度功能材料零件的材料属性更为复杂,更多的时候并无规律可循。

1. 一维梯度功能材料零件成形切片方法

一维梯度功能材料零件的3D打印成形方法相对简单。

针对梯度参考方向为一维的异质零件,当采用梯度变化方向为建造方向时其材料变化有规律可循,即每层切片上的材料属性完全相同,如图7.19所示。因此,该类零件成形方向选取梯度变化方向,材料属性在每层切片间变化,同层切片在成形过程中保持材料属性不变。

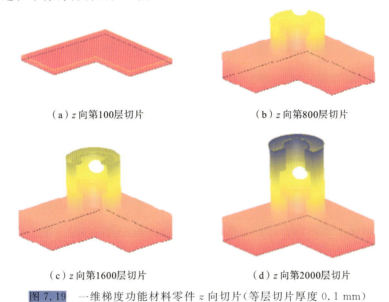

(a) z 向第100层切片　　　　　(b) z 向第800层切片

(c) z 向第1600层切片　　　　　(d) z 向第2000层切片

图 7.19　一维梯度功能材料零件 z 向切片(等层切片厚度 0.1 mm)

2. 二维梯度功能材料零件成形切片方法

为了演示,把切片的方向进行变换,如图 7.19 所示,零件具有 x、y 两个梯度变化方向,是梯度参考方向为二维的多材料异质零件。假设该零件建造方向为 x 方向,则图 7.20 所示为该零件建造过程中某一层切片(垂直 x 向的切片),该层切

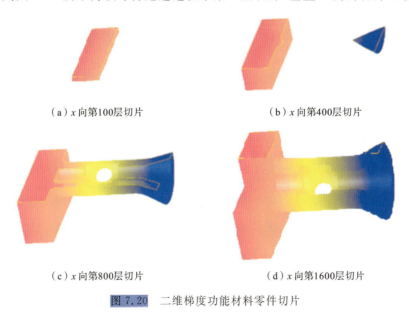

(a) x 向第100层切片　　　　　(b) x 向第400层切片

(c) x 向第800层切片　　　　　(d) x 向第1600层切片

图 7.20　二维梯度功能材料零件切片

片的材料属性为二维材料 M_1、M_2 在该层切片上的材料贡献值的和。

零件在制造的过程中选择合适的切片方向,对成形效果来说很关键。

3. 三维梯度功能材料零件成形切片方法

三维梯度功能材料零件,无论选取的成形方向如何,其每层切片上不同的几何点具有不同的材料属性。

由于多维梯度功能材料零件每个成形切片材料变化的复杂性,需要对单一材料零件成形路径进行无限细化得到多个细化后的成形单元,而这些成形单元都是在假定其为单一材料零件得到的成形路径的基础上的,之后按照第 5 章所述的材料属性的赋予方法赋予不同成形单元的材料属性。

定义成形单元的宽度、长度、厚度、材料属性等相关参数,图 7.21 给出了一个多维梯度功能材料零件快速成形单元示意图。从图中可以看出,切片与切片间的材料属性不同,每层切片的材料属性也不相同。在成形多维梯度功能材料零件时,只能按照预定成形单元进行近似建造。

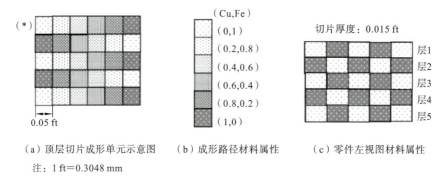

(a) 顶层切片成形单元示意图　　(b) 成形路径材料属性　　(c) 零件左视图材料属性

注:1 ft=0.3048 mm

图 7.21　多维梯度功能材料零件快速成形单元示意图

在确定模型的成形方向后,设置切片的层厚、切片处理的区域、输出的路径、输出的数据格式等参数,图 7.22 所示的模型被离散为一系列的彩色切片(等层厚,切片厚度为 0.1 mm)。

图 7.22　多维异质零件模型及其彩色切片

7.3 基于数字微滴喷射工艺的 3D打印异质零件成形装置

7.3.1 异质零件的设计与制造一体化流程

基于数字微滴喷射工艺的3DP技术在异质零件的3D打印方面居于主流地位,该类3D打印制造系统包括三个重要组成部分:材料、喷头、成形打印工艺控制系统。基于微滴喷射技术和3D打印技术的多材料零件数字化设计与制造一体化流程如图7.23所示。

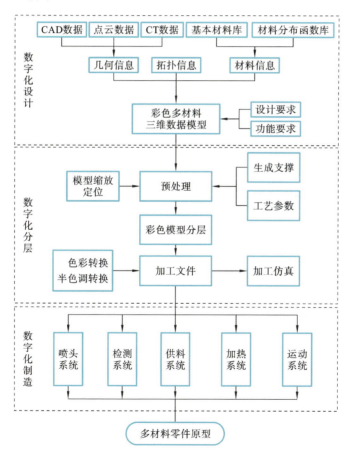

图7.23 多材料零件数字化设计与制造一体化流程

(1) 数字化设计阶段的目标是根据零件功能要求进行三维产品零件的几何拓扑形状(用单色三角面片模型数据表示)和材料组织结构(用色彩信息表示)的设

计；根据要求设计出三维产品零件的结构 CAD 实体模型，通过反求技术或正向建模技术获得三维模型的几何数据，存储为色彩域值为 0 的 STL/PLY 文件格式，编程实现 STL/PLY 格式文件的读取以及色彩的添加。

（2）数字化分层阶段的目标是对含有结构信息和材料信息（色彩信息）的彩色 STL/PLY 模型进行分层，获得一系列彩色分层图像文件；设计分层算法将三维彩色的零件模型转换为二维的分层图像文件，每层图像文件的加工单元的色彩信息和结构信息能够与成形信息相对应。

（3）数字化制造阶段的目标是使计算机能够解析分层图像的每一层成形信息，并将有效信息发送给多材料三维打印成形控制系统，控制打印成形系统各机构做协调运动。采用微滴喷射技术和 3D 打印技术相结合的方法，将含有不同材料的溶液作为墨水，分别输送给 3D 打印系统的各个喷头控制系统的各个喷嘴（见图 7.24）。通过微细喷嘴实现数字化的分层微滴喷射，从而制得多材料三维零件原型。

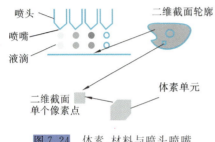

图 7.24 体素、材料与喷头喷嘴之间的对应

7.3.2 数字喷头/喷嘴的控制

目前可用于微滴喷射技术上的材料有各种热塑性塑料、水、石蜡、生物医学材料、低熔点合金和能制成悬浮液的金属颗粒；适用于各种成形材料的喷头（或喷嘴）种类有单喷头、多喷头和阵列喷嘴，每种喷头或喷嘴对材料的要求不一，其中阵列喷嘴（如 HP、Spectra、Epson、Xaar、理光等）对材料要求非常苛刻（该类喷头或喷嘴的工作原理可参见有关书籍或资料）。单喷头及多喷头的区别如表 7.2 所示，工作模式如图 7.25 所示。

表 7.2 单喷头及多喷头的区别

工作方式	模式 a	模式 b	模式 c
喷头数量	单喷头	单喷头	多喷头
材料要求	可以混合，通过调控成分比例来组合材料	容易清洗的、无须混合、可分别打印（如需要支撑的模型的打印）的材料	无须混合、可叠加打印的材料
数字模型	静态、动态	静态	静态、动态
工艺及成本	单喷头系统简单、控制复杂、成本低	适用于一种材料打印后需要处理、再打印另外一种材料的工艺，可在中间加入清洗、固化等环节，单喷头系统简单，成本低	系统简单，多喷头体积大，成本高

第7章　异质零件的3D打印成形技术

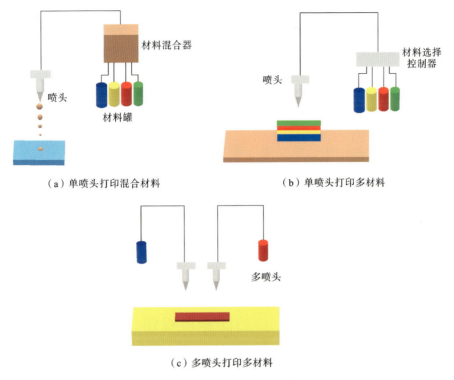

（a）单喷头打印混合材料

（b）单喷头打印多材料

（c）多喷头打印多材料

图7.25　单喷头及多喷头的工作模式

喷头的控制需要针对不同的材料进行设置，喷射控制的内容包括：材料比例的设定、材料的混合、材料的黏度及材料喷射的速度。喷头控制系统如图7.26所示。

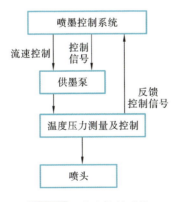

图7.26　喷头控制系统

系统的设计需要考虑以下几个因素：
（1）多材料供墨系统应允许独立控制弯月面压力和墨水流速；
（2）每个连接到供墨系统的喷头必须有相同的弯月面压力、墨水流速以及温

149

度限制;

(3) 测量压力时必须尽可能靠近喷头,以确保喷头压力测量值准确;

(4) 测量墨水温度时必须尽可能靠近喷头,以确保按照指定值控制喷头中的墨水黏度;

(5) 连接多个喷头到再循环供墨系统时,从集流管到每个喷头的墨水通道必须长度相等,阻抗相同,也就是说,墨水通道供墨和回墨支线的压力下降必须相同;

(6) 压力脉冲必须通过使用具有低压脉动特性的泵或使用压力脉冲衰减器(阻尼器)得以最小化;

(7) 泵和喷头之间的压力下降必须最小化,以最大限度地提高泵的利用率;

(8) 表面张力较高的墨水具有更宽的弯月面压力范围。

如未考虑以上相关内容,可能会使得喷头的可靠性降低,出现以下情况:墨水积聚在喷嘴板/喷嘴防护装置上(由喷嘴渗漏墨水或墨雾导致);墨水滴落到基材上;印刷的图像中出现刻度线(由喷头吸入空气导致);印刷图像的开始或结尾处出现印刷人工痕迹(由控制系统响应缓慢导致)。

7.3.3 异质零件的 3D 打印路径规划

根据 7.2 节的切片方法,异质材料打印优化的方法之一是对材料进行区域划分,结合分区特征以及打印成形固化要求产生 G 代码,指导打印机打印轨迹,提高成形件质量。3D 打印成形的路径规划需要考虑以下几个方面。

1) 材料分区

根据分区,在同一切片层内是相同材料,如图 7.27 所示,图中三个圆形区的材料相同,可优先同时打印这三个区。

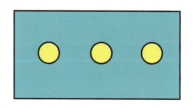

图 7.27 同一片层材料打印示意图

2) 材料黏度

材料的组成会改变黏度,对喷头进行温度、压力的调控,优选相邻分区为材料黏度相似、组成相近的分区按序打印。

3) 固化要求

材料组成不同,固化时间要求也不一样,可以根据固化时间的要求,选择打印的轨迹,如"回"字形、"之"字形、"S"字形等。

第 7 章　异质零件的 3D 打印成形技术

喷头路径规划流程如图 7.28 所示。

德克萨斯大学埃尔帕索分校的 Wicker 等在 3D Systems 生产的 SL 250/50 设备的基础上进行了改进，融合了 SLA 和 FDM 两种工艺，开发出一种新的多材料增材制造系统，该系统采用多个旋转容器建造出由多种不同材料组成的装配体。该多材料增材制造系统的材料容器在材料替换时材料之间容易产生污染，为避免材料污染带来的影响，Choi 等在上述多材料增材制造系统的基础上增加了清洗步骤，即在更换另外一种材料前将材料容器浸入水里进行水洗，以保证另外一种材料注入容器前容器的清洁度。此外，为提高多材料

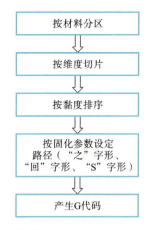

图 7.28　喷头路径规划流程

零件的成形速度，针对上述多材料增材制造系统的成形工艺，韩国安东国立大学的 Kim 等提出了一种多材料零件成形路径规划算法，该路径规划算法的核心思想是在成形过程中尽可能减少材料的改变次数，如图 7.29 所示。

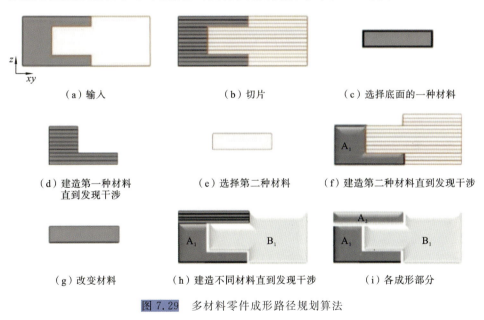

图 7.29　多材料零件成形路径规划算法

7.4　异质零件成形实例

本节以 3DP 工艺为主介绍异质零件成形的实例。3DP 工艺所使用的材料包括彩色陶瓷粉末、黏合剂等；打印过程中按材料比例进行铺粉，然后喷胶黏结并进

行后处理,在温控炉中高温烧结。以下实例的 CAD 建模过程中使用了前述章节介绍的静态和动态建模方法。

7.4.1 异质零件的 CAD 模型建立

使用第 3 章的静态建模方法建立模型,如图 7.30(a)、(b)所示,使用第 4 章的动态建模方法建立异质零件模型,如图 7.30(c)、(d)所示。

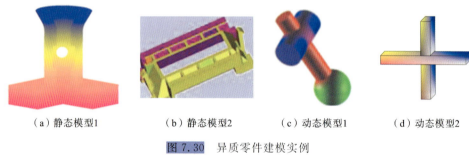

(a)静态模型1　　　　(b)静态模型2　　　　(c)动态模型1　　　　(d)动态模型2

图 7.30　异质零件建模实例

7.4.2 异质零件的切片处理

1. 模型处理过程

当用三维造型软件设计出一个三维零件后,模型的几何信息等可以通过 STL、VRML97 等数据接口得到。这类文件通过一系列简单的三角面片来构造模型的表面,接着文件将被转移到快速成形系统中进行切片,即将这些三角面片信息转变成一层一层包含模型轮廓的切片层,最后根据这些切片层成形出模型的每个截面,叠加所有截面直至构造出整个实体模型。为了获得彩色的模型,需要在切片的过程中添加一个颜色处理环节,即在获得切片层轮廓后,还要为每条轮廓添加相应的颜色,轮廓的颜色由轮廓所在三角面片的颜色决定,过程如图 7.31 所示。

2. RGB 模型转换成 CMYK 模型

在彩色 3D 打印成形过程中,三维 CAD 软件绘制的模型文件是 RGB 色彩模式。彩色 3D 打印快速成形系统打印成形时采用 CMYK 色彩模式处理色彩信息。CMYK 色彩模式是一种印刷模式,如喷墨打印机就采用该色彩模式。CMYK 色彩模式是指包含青色(cyan)、洋红色(magenta)、黄色(yellow)和黑色(black)四种颜色油墨的减色模式。

为了获得图像中较好的黑色和灰色部分的质量,需要引入黑色油墨。从理论上来说,RGB 色彩模式和 CMYK 色彩模式在颜色空间上是互补的,但是现实操作

第 7 章 异质零件的 3D 打印成形技术

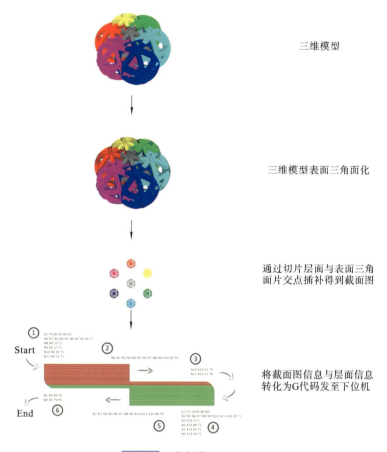

图 7.31 彩色模型处理过程

中还是有许多问题。黑色是打印机油墨中的关键颜色，打印时它与青色、洋红色和黄色复合得到较深而丰满的黑色和阴影色彩。

喷墨打印机打印彩色图像，需要对彩色图像的色彩模式做转换处理，把计算机屏幕识别的 RGB 色彩模式数据转化成打印机识别的 CMYK 色彩模式数据，通过 RIP 技术处理，将数据转换成打印喷头可以识别的数据控制信号，打印头就可以根据这些数据信号进行彩色打印。

彩色三维打印成形系统成形切片后获得二维截面的成形过程类似于喷墨打印机打印彩色图片的过程，主要的区别就是打印喷头喷射和液滴溶液的不同。因此在彩色三维打印成形过程中，也要进行 RGB 色彩模式向 CMYK 色彩模式的转换。

色彩模型转换公式为

$$C=1-R, \quad M=1-G, \quad Y=1-B$$

式中："1"是指最大亮度等级，这种模型转换实际上是一种"求反"运算。RGB 色彩模式转换成 CMYK 色彩模式的原理如图 7.32 所示。

异质材料 3D 打印技术

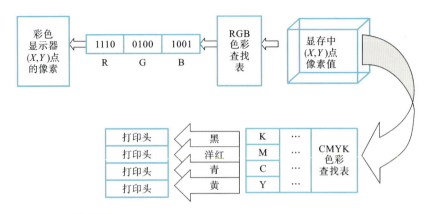

图 7.32　RGB 色彩模式转换成 CMYK 色彩模式的原理

7.4.3　异质模型的打印成形

利用 3DP 工艺的成形设备,控制彩色打印机进行模型制作,样本如图 7.33、图 7.34 所示。

图 7.33　彩色模型的制作样本 1

图 7.34　彩色模型的制作样本 2

需要指出的是,严格意义上来说,基于 3DP 工艺打印的彩色模型并不是异质材料模型,因为其材料并非按照零件功能而呈不同分布;而采用 PolyJet 技术打印出的模型才是真正的异质材料原型。

美国 Stratasys 公司研发出全球首款可以把彩色打印和多材料 3D 打印相结合的 3D 打印设备，这款名为 Objet500 Connex3 的彩色多材料 3D 打印机采用了可以混合几乎所有刚性、柔性以及透明彩色材料的三重喷射技术。这种三重喷射技术通过将三种基本材料的液滴聚集，一次性打印出所需的产品部件（见图7.35）。目前此款打印机可以打印数百种材料的组合。

图 7.35　Objet500 Connex3 打印的多材料模型

7.5　本章小结

基于数字微滴喷射工艺的多材料异质零件 3D 打印技术，采用快速成形领域通用的 STL 数据格式，并根据零件特征进行均匀性微四面体网格细化，完成异质零件的结构和材料并行设计；利用多材料异质零件数据处理软件实现多材料异质零件 CAD 模型的彩色切片处理、工艺参数设置等功能；并通过数字化微滴喷射技术和快速成形技术相结合的成形方法，实现多材料异质零件的快速分层制造。这种多材料异质零件结构与材料的并行设计与制造方法，较其他方法具有如下优点。

（1）通用性较强。STL 格式是快速成形领域的准标准，具有极其广泛的应用，为各类成形系统所支持；采用 STL 格式作为多材料异质零件的设计文件格式，有利于与各类商用 CAD 软件（如 Pro/Engineer、UG、SolidWorks 等）和快速成形设备与工艺（如 3DP、FDM、LENS 等）对接，为多材料异质零件的 CAD 和 CAM 一体化提供了数据保障。

（2）材料分布可视化及数据有序存储。在传统单色 STL 格式的基础上，通过添加各三角面片的彩色信息（也即材料信息）形成彩色 STL 格式文件，采用以空间微四面体为基本单元的多材料异质零件模型，有利于记录和存储模型内部每个节点的材料分布及色彩表示；在渲染过程中，只需对多材料异质零件位于表面的各 STL 面片进行色彩处理，而忽略零件内部各微四面体的显示处理，可以节省大量的色彩处理时间；采用可视化的彩色切片处理方法，可以获得每个切片层内的结构及材料分布状况。

(3)成形精度高,成形材料范围有所扩大。采用数字化微滴喷射技术制造多材料异质零件,每个微滴尺寸可控制在数十微米以内;通过改变成形材料的喷射温度,调节液态材料黏度,可以制作含有多种不同材质的成形件。

这种成形方法可把高分子材料、低熔点合金材料、陶瓷微粒等不同有机和无机物质巧妙结合起来,为多材料异质零件的数字化设计与快速精确制造的一体化提供了一种新型模式。

本章参考文献

[1] 夏俊,杨继全.彩色三维打印机控制系统的开发[J].南京师范大学学报(工程技术版),2009,9(2):8-12.

[2] 李静波.异质材料零件的 CAD 建模理论与技术研究[D].南京:南京师范大学,2013.

[3] 占志敏.彩色三维打印成型系统的彩色切片算法开发与实验研究[D].武汉:华中科技大学,2013.

[4] 张争艳.异质多材料零件快速成型关键技术研究[D].武汉:武汉理工大学,2014.

[5] CHO W J, SACHS E M, PATRIKALAKIS N M, et al. A dithering algorithm for local composition control with three-dimensional printing[J]. Computer-Aided Design, 2003, 35(9):851-867.

[6] YANG S F, EVANS J R G. A multi-component powder dispensing system for three dimensional functional gradients[J]. Material Science Engineering: A, 2004, 379(1-2):351-359.

[7] BRENNAN R E, TURCU S, HALL A, et al. Fabrication of electroceramic components by layered manufacturing(LM)[J]. Ferroelectrics, 2003, 293(1):3-17.

[8] YAN Y N, XIONG Z, HU Y Y, et al. Layered manufacturing of tissue engineering scaffolds via multi-nozzle deposition[J]. Material Letters, 2003, 57(18):2623-2628.

[9] CHOI S H, CHEUNG H H. A topological hierarchy-based approach to toolpath planning for multi-material layered manufacturing[J]. Computer-Aided Design, 2006, 38(2):143-156.

[10] 杨继全,侯丽雅.光固化零件的变形理论研究[J].机械科学与技术,2004,23(6):723-727.

[11] KOU X Y, TAN S T. Robust and efficient algorithms for rapid prototyping of heterogeneous objects[J]. Rapid Prototyping Journal, 2009, 15(1):

5-18.

[12] WU X J,LIU W J,WANG M Y. A CAD modeling system for heterogeneous object[J]. Advances in Engineering Software,2008,39:444-453.

[13] XU A P,ZANG T,JI Z P,et al. HO-CAD:A CAD system for heterogeneous objects modeling based on ACIS and HOOPS[C]//Proceedings of 2009 Second International Conference on Intelligent Networks and Intelligent Systems. Washington,D. C.:IEEE,2009.

[14] BHASHYAM S,SHIN K H,DUTTA D. An integrated CAD system for design of heterogeneous objects[J]. Rapid Prototyping Journal,2000,6(2):119-135.

[15] KUNTAL S,BAHATTIN K. Feature-based material blending for freeform heterogeneous object modeling[J]. Computer-Aided Design,2005,37(3):287-305.

[16] 张利成.多材料零件3D打印技术现状及趋势[J].机械制造与自动化,2016(6):11-17.

[17] 3D虎网.Nano Dimension的多材料3D打印油墨获IDTechEx技术开发材料奖[EB/OL].[2018-04-13].http://www.3dhoo.com/news/guowai/40215.html.

[18] 舒霞云,张鸿海.多材料按需微滴喷射系统设计与实验研究[J].机械科学与技术,2015,34(2):257-262.

[19] 程凯.利用多材料3D打印制造功能梯度材料的研究[J].机械工程师,2017(2):56-57.

[20] 中国3D打印网.中科镭泰多功能激光教学机喜获2017德国iF国际设计奖[EB/OL].[2017-02-09].http://www.3ddayin.net/news/guonadongtai/28200.html.

[21] 南极熊3D打印网.Aerosprint开发出多材料粉末SLS 3D打印机,支撑材料可重复利用[EB/OL].[2018-01-31].http://www.nanjixiong.com/thread-125834-1-1.html.

[22] CHOI J W,KIM H C,WICKER R. Multi-material stereolithography[J]. Journal of Material Processing Technology,2011,211(3):318-328.

[23] KIM H C,CHOI J W,WICKER R. Scheduling and process planning for multiple material stereolithography[J]. Rapid Prototyping Journal,2010,16(4):232-240.

[24] LI Z A,YANG J Q,LI K L,et al. Fabrication of PDMS microfluidic devices with 3D wax jetting[J]. Rsc Advances,2017,7:3313-3320.

第 8 章 基于 3D 打印的异质零件的应用

多材料零件的打印技术突破了单一材料 3D 打印的局限,实现了零件的多材质、多功能一体化制造。应用多材料 3D 打印技术可以进行更复杂的功能性零件的打印,通过高分子材料、低熔点合金材料、陶瓷等不同有机和无机物质的巧妙结合而制作出异质零件。由于优异的性能,异质零件具有广泛的应用领域,如生物医学工程、国防工程、工业制造、特殊功能性器件等。

根据 3D 打印领域的 Gartner 技术成熟度曲线(见图 8.1),可以看到,其中与异质零件有关的多种技术,如生物医学工程中的 3D 打印、航空国防应用中的 3D 打印、可穿戴设备 3D 打印、4D 打印等基本处于曲线中的起步上升阶段,大部分技术的发展尚处于萌芽期,到达技术成熟基本都需要 10 年以上的研究发展时间。但异质零件在多个领域中的应用已越来越多。

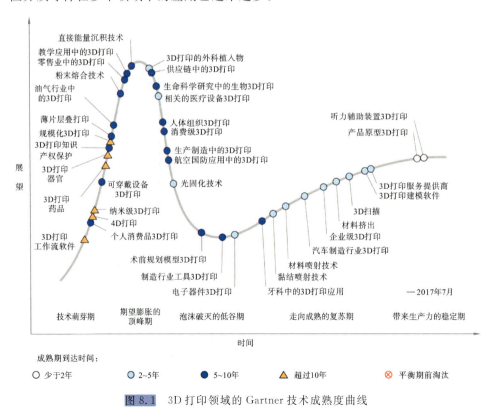

图 8.1 3D 打印领域的 Gartner 技术成熟度曲线

8.1 在生物医学工程中的应用

8.1.1 医疗工程模型

在辅助医疗诊断方面,随着数字化医疗技术的快速发展,医疗人员可以方便准确地获取生物体各组织的三维立体数据,应用多材料 3D 打印技术,可快速构建出各病变组织的异质零件三维模型。依据该异质零件三维模型可更加精确地诊断患者病情,模拟手术,制定相关的手术方案。相关学者利用多材料 3D 打印技术提高了肝肿瘤手术切除的安全性,并极大提高了手术的效率,如图 8.2 所示。

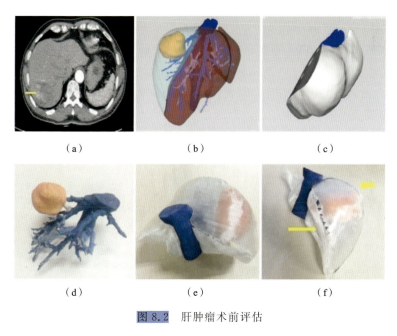

图 8.2 肝肿瘤术前评估

8.1.2 生物组织器官

据统计,在美国每 1.5 h 就有 1 例病人因为等不到合适的器官移植而死亡,每年有超过 800 万例组织修复相关的手术。生物 3D 打印技术的目标就是解决组织、器官短缺的问题。

人体是由多种细胞和基质材料按特定方式有机组合而成的,具有高度的复杂性。组成人体的细胞有 250 种以上,仅一个肾脏就包含 20 多种细胞。软骨组织是相对较简单的组织,细胞种类较少且没有血管、神经。1994 年,科学家认为组织工程技术是可以解决器官再造问题的技术,当时首选的目标就是制造皮肤或软骨组织,但是至今没有获得真正意义上的成功,而生物 3D 打印技术可能是解决方法之一。

人类可移植器官的制造是生物 3D 打印技术的一大梦想,制造可移植器官的目的是使其具有人体组织生物印迹和许多复杂的功能性,如制造功能性血管系统等。面临的挑战包括如何测试器官的身体整合效能(避免排斥问题)、如何测试和证明器官长期的生存能力和相关的副作用。哈佛大学 Wyss 研究所的 Lewis 研究团队研发了一种新的 3D 打印方法,可以打印出布满血管、由多种细胞和细胞间质组成的组织。该研究团队开发了三种不同的"生物墨水":固定细胞的细胞间质"墨水"、细胞间质和特定细胞混合成的"墨水",以及为了生成血管而特制的"墨水",这种墨水有一种特殊的性质,在低温的条件下会自动融化。将三种"墨水"在特定的程序下打印完毕之后,将打印生成的人工组织置于低温条件下,此时那些为血管预留的位置就会逐渐融化开来,剩下的就是布满各种管道的组织。此时,在管道中注入血管内皮细胞,这些细胞就会附着在管道内壁,重新发育成成熟的血管。至此,一个模拟人体组织的人工组织便形成了(见图 8.3)。Lewis 研究团队的终极理想是打印出可以用于人体移植的器官,但是在当今的条件下,这显然还有很长的路要走。但这并不妨碍 Lewis 研究团队将其研究成果用于药物的研发。

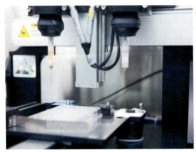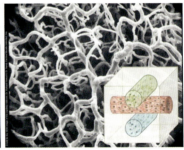

图 8.3 3D 生物打印机及其打印的人工组织

如果可以方便地打印出人体器官,那么需要进行器官移植的病人就不需要等待了,为此国内外学者在这方面进行了积极的探索。Jin Woo Jung 等利用多材料 3D 打印技术开发了一套生物 3D 打印系统,并进行了耳朵、肾脏、牙齿组织的建模成形分析研究。美国 Lawrence Livermore 实验室的研究人员使用多材料 3D 打印技术打印出血管系统模型,可以帮助医疗人员在体外更加有效地复制人体生理机能,复杂的组织系统也被很好地再现出来。Zhang 等应用生物打印技术对几种具有代表性的组织器官进行了打印研究,包括血管、心脏、肝脏以及软骨等(见图 8.4)。

第 8 章 基于 3D 打印的异质零件的应用

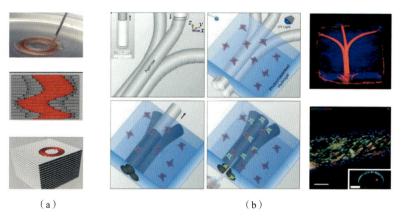

(a)　　　　　　　　　　　(b)

图 8.4　3D 打印的人造血管系统模型

8.1.3　生物 3D 药品

3D 打印药物是指采用 3D 打印技术而不是使用传统的固体剂量配方和生产方法进行药品的制备。该技术通过创建个体化剂量及改变药物表面特性和形状，赋予药物特殊的释放特性。同时，它也打开了将多种药物融合成一颗多药性药物的门。3D 打印药物实际上是一种制剂加工技术，将液体制剂的灵活性与片状制剂的准确性结合形成 3D 打印药片，这样制成的药片能够更容易地吞咽和溶解。

总部位于宾夕法尼亚的 Aprecia 制药公司采用 3D 打印技术开发 3D 打印药物，该技术采用水溶性液体把多层粉状物黏合在一起形成三维结构的药物。Aprecia 制药公司为此开发了 ZipDose 技术平台，不再使用传统的压片技术而是采用一层一层的打印来制备药物。图 8.5 所示为采用该技术平台 3D 打印的癫痫病治疗药物 Spritam。

图 8.5　3D 打印的癫痫病治疗药物 Spritam

多材料打印药物在一定的介质作用下可发生自变形，可以在抗癌药物研发的过程中，针对性地将不同的癌症细胞设置为触发多材料打印细胞形变的介质源。当这个多材料打印细胞在人体内遇到癌症细胞的时候，就会自动触发形变功能，直接将癌症细胞吞噬或释放所携带药物将其消灭，并在任务结束后通过自我"分解"随人体代谢排出体外。作为癌症治疗的一个重要研究方向，多材料打印抗癌药物甚至可以将癌症治疗的工作做到防患于未然。

8.1.4　医疗器械打印

现代医疗在通过放射线治疗杀死癌细胞的过程中，也杀死了很多对人体有用的健康细胞。在这个治疗过程中，如果能对癌细胞进行隔离，进行更精准的放射区域定位，从而有效地杀死癌细胞而不对健康细胞造成损伤，那对于提升癌症治疗的成功率将是非常有帮助的。

多材料打印的放射性治疗辅助护具等医疗器械将在这个方面发挥积极的作用。这些多材料打印的医疗器械可以以微小的体积进入人体，根据人体不同部位的生存环境而产生形变，有效地隔离癌细胞并对健康区域进行保护，让癌症治疗变得"无害"。尤其对于一些重要器官或脆弱区域，如鼻子、眼睛、耳朵等部位的肿瘤治疗，这些多材料打印的医疗器械将显得更为重要。

8.1.5　在生物领域中的应用

1. 在生物领域中的正面影响

多材料打印技术制造出的智能结构，可以发生由一维结构或二维结构向三维结构的变化，或者由一种三维结构变成另一种三维结构。这种结构的可变化性也给多材料打印技术的应用带来了无限的可能性，而生物医疗领域最有可能成为该项技术的主要应用领域。将多材料打印的产品应用于生物医学领域，尤其是普及至人体内应用，无疑是人类健康医疗发展的福音。伴随着纳米技术与数字化制造在第四维空间研发的深入，多材料打印的产品将可以进入非常微小的空间"工作"。

麻省理工学院数学家丹雷维夫曾表示，多材料打印有利于新型医疗植入物的发明。比如心脏支架，如果采用多材料打印技术制造，将不再需要给病人做开胸手术，可通过血液循环系统注射携带设计方案的智能材料，其到达心脏指定部位后自行组装成支架。

除此之外，多自由度操作臂是微创技术未来发展的研究重点。西安交通大学的李涤尘教授表示，他们正在自主研发智能材料，并通过多材料打印技术将其应用于多自由度操作臂的制造研究中。未来手术操作臂可以通过食道、肛门等人体的自然腔道进入人体,并在体内任意更改方向。电极施加电压作用在智能材料上,就可以实现操作臂的多自由度弯曲和转向,从而成为一种刚柔并济的操作臂柔性控制方法。

多材料打印在生物医疗领域,尤其是癌症治疗方面将会有进一步的应用与发展。牛津大学圣安东尼学院荣誉学者纳伊夫·鲁赞曾在美国"外交"双月刊网站发文称,借助多材料打印的原理,研究人员还能够利用DNA链制造出对抗癌症的纳米机器人。有外媒报道,美国国防部将拨付资金,支持美国西北大学生物纳米科技研究所进行多材料打印机的研究与开发,该设备将能够实现纳米尺度下的操作,使得医药领域的多材料打印成为可能。

2. 在生物领域中的负面影响

将多材料打印物体应用于生物医学领域,尤其是普及至人体内应用,无疑是人类健康医疗发展的福音。但是,生物制造毕竟还远未成熟,其技术风险、市场风险,甚至涉及的社会安全、伦理安全等问题均不可小觑。

研究人员借助多材料打印的原理,利用DNA链制造出了对抗癌症的纳米机器人。由于能够轻易获得必要的工具,一些人可以利用此类技术来制造新的生物武器。人体内的多材料打印细胞或纳米机器人,如果监控不到位的话,很容易演变成被不法分子利用的生物武器原型。而可编辑材料所具有的自变形特性,让其相较于3D打印而言,被不法分子利用的风险性也很大。比如对于枪支等违禁物品来说,3D打印出来的直接是具体实物,相对容易被发现和控制;而多材料打印物在打印之初,有可能是任何形态的,只有在一定的环境和介质作用下,才会"变形"为预先设定的真实形态。这类具有不可控制性、不可预见性的生物打印技术的应用将会给社会监管、人类安全等带来严重的挑战。

8.2　在国防工程领域中的应用

多材料3D打印在国防工程领域的应用是提升国家综合创新实力的重要途径之一。单材料3D打印已不能满足全球市场对工业零件柔性和高效性的要求,多材料3D打印技术成为国防工程领域应用的热点并受到广泛关注,发展十分迅速。

8.2.1　在航空航天装备制造中的应用

多材料3D打印零件能够适应航空航天领域对飞行器零部件设备的轻量化、功能性和高强度的要求。航空航天设备零部件大多数为单件定制部件,多材料3D打印技术减少了零部件装配存在的安全隐患问题,实现了多材料零件结构功能一体化设计与制造。多材料3D打印技术应用于航空航天领域,能够简化装配流程,增加系统安全性和可靠性。

复合材料作为新一代结构材料已大量应用在航天遥感器结构中,如相机支架、承力框、遮光罩等。低成本、高效率的制造技术是进一步推进复合材料应用的重要途径,3D打印技术的出现为复合材料的低成本快速制造提供了可能。德国、美国等的3D打印公司及我国湖南华曙高科技有限责任公司(华曙高科)等分别研制了可用于SLS技术的短切纤维/热塑性树脂复合材料粉末并实现商业化,材料参数如表8.1所示。

表8.1 短切纤维/热塑性树脂复合材料参数

制造商	材料牌号	材料组成		密度/(g/cm^3)	抗拉强度/MPa	拉伸模量/MPa	断裂伸长率/(%)
		基体	增强体				
德国EOS公司	CarbonMide	尼龙	短切碳纤维	1.04	73	6100	4.1
美国3D Systems	DuroForm	尼龙	玻璃微珠	1.20	48~51	5475~5725	4.5
中国华曙高科	FS3400CF	尼龙	短切碳纤维	1.08~1.10	65~70	4700~6500	3.0~4.0
中国华曙高科	FS3400GF	尼龙	玻璃微珠	1.26	44	3500~7800	5.0

随着复合材料技术研究的深入和应用实践的积累,复合材料在民机结构上的应用近年来取得较大进展。复合材料的优点不仅仅是轻质,而且给设计带来创新,通过合理设计,还可提供诸如抗疲劳、抗振、耐腐蚀、耐久性和吸(透)波等其他传统材料无法实现的优异功能特性,增加未来发展的潜力和空间。尤其与铝合金等传统材料相比,复合材料可明显减少使用维护要求,降低寿命周期成本,特别是当飞机进入老龄化阶段后差别更明显。同时,大部分复合材料飞机构件可以整体成形,大幅度减少零件数目和紧固件数目,从而减小结构重量,降低连接和装配成本,并有效降低总成本。美国Mark Forged公司2014年年初研发成功的连续碳纤维增强热塑性复合材料3D打印设备Mark One,打印出了碳纤维增强尼龙复合材料。哈佛大学研制了适用于3D打印的环氧树脂,首次实现了热固性树脂的3D打印;为改善树脂黏度,研究人员添加了纳米黏土、二甲基磷酸酯、碳化硅晶须和短切碳纤维,以咪唑基离子作固化剂,极大地拓展了树脂的打印窗口,使树脂在长达数周的打印窗口期内黏度不会显著增加。

以连续纤维或长纤维增强的高性能热塑性复合材料(采用PEEK、PES、PPS等高性能热塑性基体材料),既具有热固性复合材料那样良好的综合力学性能,又在材料韧度、耐腐蚀性、耐磨性及耐温性方面有明显的优势,且在工艺上还具有良好的二次或多次成形和易于回收的特性,有利于资源充分利用和减小环境压力,具有良好的发展和应用前景。空客在这方面处于领先位置,已从次承力结构件向主承力结构件发展,如空客A-380就采用了玻璃纤维增强的PPS热塑性复合材料制造机翼前沿。

8.2.2 在武器装备制造中的应用

传统的武器装备制造流程为制造→部署→使用→报废,而多材料的武器装备制造流程为半成品制造→部署→现场塑造→使用→回收→再部署。多材料打印生产的武器装备可根据环境和攻击目标来优化武器攻击性能,从而提高作战效能。值得一提的是,多材料打印技术可使智能材料感知外光的变化,自动实现与周围环境融为一体,从而改善伪装效果。美国陆军部已投入大量资金开发"自适应伪装作战服"。该作战服的研究和开发如果成功,则具有以下三个方面的典型特色:①隐身功能,该服装能在不同的环境下自由变换色彩,实现士兵的自适应隐身;②适穿功能,根据温度的变化自动调节服装厚度和透气性,实现士兵的自适应舒适性;③防弹功能,根据所受外力自动调节服装外围硬度,平时穿着柔软如织,遇子弹袭击坚硬如钢,实现士兵的自适应保护。

8.2.3 在大型军用装备构件制造中的应用

大型军用装备构件制造的成本控制一直是个难题,然而利用多材料打印技术可以大为改善,人们可以控制智能材料的关键部位或敏感部位,把大型构件设计成折叠状,然后利用3D打印机得到半成品,通过特殊的参数刺激控制来实现大型军用装备构件的自动展开。例如,将多材料打印技术应用于军用人造卫星,通过该技术的自动展开和组装功能快速成形帆板和天线等大型构件(见图8.6),将大大减少机械部件的数量并降低它们的重量,降低发射军用卫星所需成本。据有关

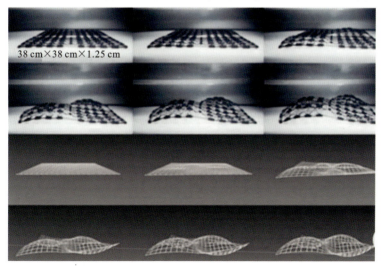

图 8.6 利用多材料打印的自动展开和组装功能快速成形帆板

报道,美国利用3D打印技术制造军工部件已获成功,但是仍需花费大量的人力资源才能把这些部件组装成完整的军事用品。利用多材料打印技术制造出的部件,则无须人工组装,它们会自动组装成为一个成品。试想若战机的各个部件用多材料打印技术制造,则其无惧敌人炮火攻击,损坏的部件会快速被生长出的新部件所取代,完好如初;将多材料打印技术应用于防御工事外部罩壳的制造,制造的外部罩壳受到炮火袭击后如有"裂痕",则外部罩壳可以自行弥合裂痕,让防御工事坚固如初。

8.2.4 在微型军用机器人制造中的应用

微型机器人将在未来战场上执行大量侦察和打击任务,它的优势在于"微",但目前的微型机器人仍是由大量的齿轮、轴承等机械部件组成的,这些部件的存在限制了其体积、重量和能耗进一步微型化。多材料打印技术将为微型机器人的制造、运动与变形提供新的技术路线,敏感材料的精确设计和控制有望取代齿轮等传统机械部件的设计和控制,实现微型军用机器人的进一步微型化和灵活运动,从而显著减小机器人的体积、重量和能耗需求。

8.2.5 在军事后勤保障中的应用

多材料打印技术可将更多武器装备制造成折叠状态,方便远程机动。同时采用多材料打印出的半成品将有更强的可塑造能力和环境适应能力,也有望减少装备器材的种类和库存数量,提高后勤效率,发挥更强的作战效能。比如利用多材料打印技术开发的万能背包,这个背包平时与普通背包无异,但在海水中可立即变成救生艇,高空坠落时可变成降落伞,夜晚宿营时可变成舒适帐篷。

8.2.6 在工业建筑领域中的应用

把多材料打印技术应用于城市管道建设,将是一个了不起的建筑技术飞跃。管道的自动调整、自动组装和自动修复功能可以降低管道铺设的难度和成本,还可以轻松应对地质灾害的发生,危险地区的工程将不再需要人的参与。人们只需在计算机上完成管道规划和技术嵌入,接下来的一切只需"打印"。

Tibbits的研究团队用多材料3D打印技术打印智能材料,打印出的细线结构遇水会变形。设想将这项技术应用到地下排水系统,多材料打印机可以建造出收缩自如的排水管道。当洪水来临时,管道可以变大,利于排水,当洪峰过去后,管道又缩回原来的大小。不仅如此,这些管道还可以根据需要弯曲、扭动、变形,而不用担心破裂。在地质灾害频发的地区,这种管道甚至可以自组装和修复。

目前多材料打印技术有两个瓶颈,一个是还没有找到合适的智能材料。智能材料能感知外部刺激,能够判断并进行适当处理,具有传感功能、反馈功能、信息识别与积累功能、响应功能、自诊断能力、自修复能力和超强适应能力。目前多材料打印技术使用的材料只能感应水的刺激,但希望将来能找到可以感受光、声、热甚至时间的新型智能材料。另一个瓶颈是打印机的规模太小。如果想打印大型工程,必须使用大型材料和具有高精度且可靠性较高的打印机。

可以想象,在多材料打印的时代,建筑物及其制造过程将变得更加智能化和人性化,空间站和卫星将能实现自组装和自修复,危险地区的工程将不再需要人的参与,桥梁、水坝、公路、房屋……一切都将按照设计自行建造。《变形金刚》里的场景将不再只是银幕上的幻想,可变形的汽车将更加安全、方便、可靠。人们只需坐在计算机旁,根据自己的想法和需要,设计出适合自己的产品,然后轻点一下"打印"便大功告成。

8.3 在工业制造领域中的应用

8.3.1 在硬质合金工具制造方面的应用

作为制造业的重要工具,硬质合金刀具对耐磨性能和耐缺损性能要求很高,传统的金属陶瓷超硬合金材料在工具的韧度方面有所不足,而异质材料零件则允许韧度较大的材料如 ZrO_2 作为工具的内核材料,硬度较高的材料如 TiC、TiN、Al_2O_3 作为工具的表面材料,通过连续的梯度过渡形成梯度异质材料结构以同时具有两种材料的特性。

8.3.2 在压电器件制造方面的应用

压电材料在医疗、传感、测量等领域都有着广泛的应用,异质压电材料通常由压电陶瓷和聚合物组成,能够同时利用这两种材料的有利属性,兼具良好的加工性能以及柔韧性,易与空气、水和生物组织实现声阻抗匹配,并且实现轻量化,如由 PZT(锆钛酸铅)和聚丙烯制备而成的梯度异质材料压电驱动器。

8.3.3 在高温环境部件制造方面的应用

在航天、核工程、过程装备等领域,梯度异质材料零件常常用于极端的高温工作环境,如由耐高温的陶瓷材料和韧度大的金属材料组成的梯度材料,材料体积分数逐层变化引起的裂纹桥联现象以及热膨胀率的逐层变化改变了残余应力和裂纹生长模式,这种梯度材料部件有很好的热应力松弛性能和抗断裂性能。

8.3.4 在光学器件制造方面的应用

如超高压水银灯使用金属铜或金属钼与石英(SiO_2)制备的梯度异质材料插入钨丝作为电极,梯度异质材料的低热膨胀系数提供了极好的密封可靠性,可提高灯的电极间的贴装精度并有效控制残余应力。这种灯能够承受持续不断的热循环而不发生破裂或爆炸,并具有极高的亮度。

8.3.5 在汽车制造领域的应用

汽车制造中的汽车样件快速开发、汽车复杂模具制造、汽车零件轻量化制造等均广泛采用 3D 打印技术。其中,在高性能复合材料零件的设计与制造方面,多材料 3D 打印技术可以将多个零部件、多种材料等集成为整体工件,大幅简化装配工作,并明显提升了产品性能。越来越多的汽车制造商采用弧焊增材制造、等离子 3D 打印、激光熔覆等与多材料 3D 打印技术相关的技术,改进或提高了工业零件模具设计方案评审、制造工艺装配与检验、功能样件制造与性能测试等各方面的性能和效率。

由沙特基础工业公司(SABIC)研发的世界首款使用 3D 打印技术制造的概念车,车身采用创新材料和加工技术。车身的组装由汽车设计公司 LOCAL MOTORS 完成,该 3D 打印汽车运用了 SABIC 的 LNP™、STAT-KON™ 碳纤维增强复合材料。这些材料拥有出色的强度质量比和高刚度,可最大限度地降低 3D 打印过程中的扭曲变形,增强设计美感,强化运行性能。

总体来说,多材料 3D 打印在工业制造领域中的应用越来越广阔,市场份额巨大,发展前景被广泛看好。

8.4 在功能性零件制造中的应用

8.4.1 4D 打印零件

3D 打印技术是建模在先,打印产品在后,而 4D 打印则是把产品设计嵌入可以变形的智能材料中,无须人为干预,通过某些特定条件激活,进行自组装,得到产品。4D 打印的创新点在于"变",它是一个动态的过程,它不但能够创造出有智慧、有适应能力的新事物,而且可以彻底改变传统的工业打印。4D 打印技术是对

3D打印技术的改进和完善,在科学技术高速发展的今天,我们完全有理由相信,在不远的将来,4D打印技术应用于生产实际必将成为一种可能,且存在巨大的应用前景。

使用微型光固化技术打印各种结构,包括线圈、鲜花和微型埃菲尔铁塔等。研究发现这些结构可以拉伸至其原有长度的3倍而不会断裂,但当它们暴露在温度为40~180 ℃的环境下时,只需几秒钟就会恢复到最初的形状(见图8.7)。

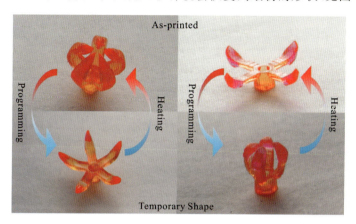

图 8.7　随温度变化的多材料 3D 打印零件

8.4.2　智能化装备

可穿戴式装备的 3D 打印是可定制、独特和时尚的,使用 3D 打印方法可进行原型设计和制作。

应用多材料 3D 打印技术,通过多种导电材料和非导电材料的不同比例打印,可以方便实现电路板等智能化装备零件的 3D 打印。目前以色列 Nano Dimension 公司已经成功开发出商业化的电路板 3D 打印设备,该设备可进行线迹宽度为 80 μm 的多层电路板的打印。基于开源项目的 Rabbit Proto 也是一款能够进行电路板制作的 3D 打印设备。Steve Ready 通过自己团队开发的多材料 3D 打印设备成功打印出集成无线压力和温度传感器的运动鞋垫(见图 8.8)。

智能化装备将感知(传感器)、执行(驱动器)和信息处理(控制器)三者集于一体,兼具结构材料和功能材料的双重特性。智能复合材料不仅具备一般复合材料在结构上的优点,还可以在性能上互相取长补短,产生协同效应,使复合材料的综合性能优于原组成材料的性能,而且还拥有智能化的物理、化学、生物学效应,能完成功能相互转化。因此,智能复合材料及其相关研究得到了国内外研究者的密切关注。图 8.9 所示的康复辅助外骨骼、可穿戴设备和智能蒙皮,这些在不久的将来都可以利用 3D 打印技术进行加工成形。

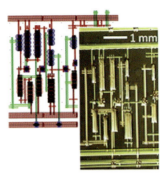

图 8.8　3D 打印的电路板及运动鞋垫

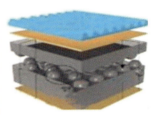

（a）康复辅助外骨骼（生物医疗）　　（b）可穿戴设备（消费电子）　　（c）智能蒙皮（航空航天）

图 8.9　3D 打印的智能化装备（主要应用领域）

8.4.3　超材料 3D 打印

超材料（metamaterials）是一种人工设计的复合结构、复合材料或新型运动机制，具有很多自然材料不具备的超常物性，如负磁导率、负折射率、逆多普勒效应、逆切连科夫（Cerenkov）辐射、负泊松比、负热膨胀等。超材料的基本物性突破了构成材质的限制，其基本物性源于精巧且致密的设计——微晶单元的特性以及微晶单元的空间分布。

2011 年，康奈尔大学乌力·韦斯勒领导的科研团队提出了一种制造三维超材料的新方法，即利用化学方法让嵌段共聚物自组装成纳米结构。近年来，3D 打印技术作为一种数字化、直接化的制造技术，从形状来说可以实现"所想即所得"，从材料来说可以实现材料的数字化复合或组合，从尺度来说可实现从纳米级到米级结构的制造，从而为超材料的加工实现提供了一种全新的、灵活的方案。3D 打印技术和超材料技术都被看作颠覆性技术，二者的融合创新应用无疑具有不可预估的价值。

超材料的设计需要更深入、更系统的研究，需要从多材料、微晶结构、多尺度等多个维度加强理论和实验研究，继续扩展超材料的家族谱系。在未来，超材料设计将会比以往各个时候更具挑战性。结构与功能特性将越来越紧密地结合在

第 8 章　基于 3D 打印的异质零件的应用

一起。超材料的超常特性源自数字化的结构设计,因此还要研究超材料的数字化设计和仿真平台。

美国佐治亚理工学院的 Wang 等研究人员设计了一种拉胀超材料,如图 8.10 所示,梁臂部分选用刚性材料,梁臂铰接处选用弹性材料,已在 Objet Connex350 3D 打印机上制作出实物。

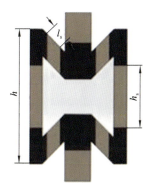　　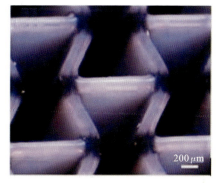

　　（a）拉胀超材料模型　　　　　　　　（b）3D 打印实物

图 8.10　拉胀超材料模型及其 3D 打印实物

8.4.4　个性化服饰定制

应用多材料进行 3D 打印个性化服饰近年得到了很大的应用与发展。例如,Adidas 推出了一款新型概念鞋,此概念鞋由两部分组成——海洋塑料制成的上层和鞋底夹层,鞋底夹层以可回收性聚酯和刺网为材料,通过 3D 打印制成,该材料是海洋塑料碎片的一部分,极大地促进了材料的可持续发展与创新。New Balance 公司为运动员 Jack Bola 设计了一款运动鞋,定制的运动鞋底选择尼龙材料,通过传感器、动作捕捉系统获取数据构建三维模型,采用 SLS 工艺加工而成,从而提高鞋的合体度,为开拓个性化定制市场提供了新的方向。

3D 打印可以满足消费者对舒适性与功能性的不同需求,采用 3D 打印生产定制服装将会成为服装产业发展的新方向。这种定制化生产方式使用材料较少,节约成本,能够直接将三维设计文件转变为服装实物,省去了传统服装生产工艺中烦琐的工序,从而极大地提高了产品的生产效率,缩短了服装生产周期,提高了服装产品的技术含量,并且给面临资源短缺的服装产业带来了新的发展契机。

8.5　本章小结

异质零件在生物 3D 打印、航空航天器件打印、高性能工业零部件制造等领域的应用已越来越广泛,激光、弧焊、等离子、电子束 3D 打印已经进入了产业化阶段,在 4D 打印、超材料打印、智能器件打印等方面的研究也越来越深入。随着异质零件 CAD 建模技术、异质材料设计及制备技术、异质零件成形技术等关键技术的逐渐成熟,异质零件将会在更多领域有更为新颖及可期的应用。

本章参考文献

[1] 施建平,杨继全,李静波,等. 异质材料的建模与数字化微滴喷射技术研究[J]. 南京师范大学学报(工程技术版),2012,12(1):10-14.

[2] JACKSON T R, LIU H, PATRIKALAKIS N M, et al. Modeling and designing functionally graded material components for fabrication with local composition control[J]. Materials & Design, 1999, 20(2-3):63-75.

[3] BISWAS A, SHAPIRO V, TSUKANOV I. Heterogeneous material modeling with distance fields[J]. Computer Aided Geometric Design, 2004, 21(3):215-242.

[4] SIU Y K, TAN S T. 'Source-based' heterogeneous solid modeling[J]. Computer-Aided Design, 2002, 34(1):41-55.

[5] KOU X Y, TAN S T. Heterogeneous object modeling: a review[J]. Computer-Aided Design, 2007, 39(4):284-301.

[6] LIU H, MAEKAWA T, PATRIKALAKIS N M, et al. Methods for feature-based design of heterogeneous solids[J]. Computer-Aided Design, 2004, 36(12):1141-1159.

[7] CHOI S H, CHEUNG H H. A topological hierarchy-based approach to layered manufacturing of functionally graded multi-materialobjects[J]. Computers in Industry, 2009, 60(5):349-363.

[8] 郑卫国,颜永年,熊卓. 复合材料梯度结构组织工程支架建模方法[J]. 材料导报, 2002, 16(11):58-61.

[9] 吴晓军,刘伟军,王天然. 基于三维体素模型的功能梯度材料信息建模[J]. 计算机集成制造系统, 2004, 10(3):270-275.

[10] 杨继全,李静波,施建平,等. 基于空间点云数据的异质材料零件动态建模方法[J]. 中国机械工程, 2012, 23(20):2453-2458.

[11] STRATASYS. Objet Dental 3D Printers[EB/OL]. [2018-10-15]. http://www.stratasys.com/3d-printers/dental-series/dental-selection-systems.

[12] SITTHI-AMORN P, RAMOS J, WANGY Y, et al. MultiFab: a machine vision assisted platform for multi-material 3D printing[J]. ACM Transactions on Graphics, 2015, 34(4):1-11.

[13] 余灯广,申夏夏,朱利民,等. 制备缓释给药系统三维打印工艺参数的选定[J]. 中国药房,2008(31):2437-2440.

[14] WICKER R, MEDINA F, ELKINS C. Multiple material micro-fabrication: extending stereolithography to tissue engineering and other novel applications[J]. Engineering,2004(9):754-764.

[15] VANEKER T, ROOIJ M. XZEED DLP. A multi-material 3D printer using DLP technology[D]. Enschede,Netherlands:University of Twente,2015.

[16] GE Q, HOSEIN S A, HOWON L, et al. Multimaterial 4D printing with tailorable shape memory polymers[J]. Scientific Reports,2016(6):1-11.

[17] SCIAKY. Make Metal Parts Faster & Cheaper Than Ever with Electron Beam Additive Manufacturing(EBAM®). Systems or Services[EB/OL]. [2018-10-15]. http://www.sciaky.com/additive-manufacturing/electron-beam-additive-manufacturing-technology.

[18] REGENFUSS P, STREEK A, HARTWIG L, et al. Principles of laser micro sintering[J]. Rapid Prototyping Journal,2013,13(4):204-212.

[19] DIMITRI K, MANUEL S, STUDART A R. Multimaterial magnetically assisted 3D printing of composite materials[J]. Nature Communications,2015(6):1-10.

[20] ZHENG J. A multi-material 3D printing system and model-based layer-to-layer control algorithm for ink-jet printing process[D]. New York:Rensselaer Polytechnic Institute,2014.

[21] 方驰华,方兆山,范应方,等. 三维可视化、3D打印及3D腹腔镜在肝肿瘤外科诊治中的应用[J]. 南方医科大学学报,2015(5):639-645.

[22] READY S, WHITING G, NG T N. Multi-material 3D printing[C]//2014 International Conference on Digital Printing Technologies. Zilina, Slovak Republic:Society for Imaging Science and Technology,2014(4):120-123.

[23] JIN W, LEE J, CHO D. Computer-aided multiple-head 3D printing system for printing of heterogeneous organ/tissue constructs[J]. Scientific Reports,2016,6(247):347-351.

[24] ZHANG Y, YUE K, ALEMAN J, et al. 3D bioprinting for tissue and organ fabrication.[J]. Annals of Biomedical Engineering,2016,10(1):1-16.

[25] 薛世华,吕培军,王勇,等. 人牙髓细胞共混物三维生物打印技术[J]. 北京大学学报(医学版),2013,45(1):105-108.

[26] 石然. 基于细胞3D打印技术的肿瘤模型构建研究[D]. 杭州:杭州电子科技大学,2015.

[27] LI Z A, YANG J Q, WANG Q, et al. Processing and 3D printing of gradient heterogeneous bio-model based on computer tomography images[J]. IEEE Access, 2016(4): 8814-8822.